Delius Klasing
EDITION MOBY DICK

FRANK ALLMANN / SIMON EVERETT

»Streetfighters«

EXTREME MOTORRÄDER

Delius Klasing
EDITION MOBY DICK

>EINFÜHRUNG

1

>NACKTE FIGHTER

2

>VERKLEIDETE FIGHTER

3

>WETTBEWERBS-FIGHTER

4

>DIE SUPERMOTARD-FIGHTER

5

>ZWEITAKT-FIGHTER

6

>ULTIMATIVE FIGHTER

Die Triton: Der Urahn aller Café-Racer geht hier mit modernen Fahrwerkselementen versehen fließend in den Streetfighter über.

DAS STREETFIGHTER-PHÄNOMEN

Das Konzept des Streetfighters gibt es, seitdem es Motorräder gibt. Obwohl der Fighter erst in den letzten Jahren als Ausdruck einer speziellen Form des Customizing perfektioniert wurde, sind direkt vom Fließband kommende Motorräder von einer Minderheit der Fahrer schon immer nur als Rohmaterial angesehen worden. Diese Modelle sind nur Ausgangspunkte für die Kreation einer völlig einzigartigen und zumeist auch kräftigeren Maschine, als sie irgend jemand in seinem Schaufenster oder Laden anbieten kann. Der unwiderstehliche Drang zur Individualisierung von Motorrädern ist nichts Neues, und er hat sich über die zweite Hälfte des zwanzigsten Jahrhunderts in drei Hauptrichtungen manifestiert: dem Café-Racer, dem Chopper und dem Streetfighter.

Schon vor dieser Zeit war es nicht unüblich, dass der Motorrad-Enthusiast mit seiner Maschine zu einer Veranstaltung fuhr, dort die Beleuchtung und das Kennzeichen abmontierte und nach dem Anbau von Startnummern gegen Gleichgesinnte Rennen fuhr. Am Ende des Tages machte er sich mit der gleichen Maschine wieder auf den Heimweg, die er noch kurz zuvor gnadenlos um den Rennkurs gejagt hatte. Dies traf nicht nur auf Straßenrennen zu. Es war eine Zeit, als Motorräder noch nicht so stark auf besondere Aufgaben spezialisiert waren, eine Zeit, als nahezu jede Maschine sowohl bei Straßenrennen, als auch bei Sprints oder Geländefahrten eingesetzt werden konnte. Und sie wurden... Zu Hunderten und Tausenden. Die Fünfziger und Sechziger sahen die Geburt des von der Rennstrecke beeinflussten Café-Racers, einer von der zeitgenössischen Jugend hervorgebrachten Maschine, mit der man auf der Straße die Helden der Rennstrecken imitieren konnte. Weil diese Motorräder von ihren Besitzern dazu benutzt wurden, sich schnellstmöglich von einem Treffpunkt-Café zum nächsten zu bewegen, hatten sie ihren Namen bald weg. Die Regeln waren einfach: Um die ganz wichtige rennmäßige Sitzhaltung zu gewährleisten, wurde ein Serienmotorrad bis auf den Rahmen entkleidet und mit einem großen Alutank, einem passenden Sitz, einem aus nach hinten gezogenem Krümmer und Megaphon oder kurzem Konus-Topf bestehenden Auspuff, Aluminium-Felgen und -Schutzblechen, Stummellenkern sowie zurückverlegten Fußrasten bestückt.

Obwohl nahezu alle Motorradmarken einer Café-Racer-Behandlung unterzogen werden konnten, waren doch die 500er und 650er Twins von Triumph, BSA und Norton die bevorzugten Maschinen, schließlich hatten diese Marken aufgrund ihrer echten Rennmaschinen die größte Glaubwürdigkeit. Namen wie BSA Gold Star, Norton Manx, Velocette Thruxton zergingen auf der Zunge. Die Krönung war die in einen Norton-Federbettrahmen verpflanzte Antriebseinheit der Triumph Bonneville, woraufhin das Gerät den Namen TRITON tragen durfte. Ironischerweise war der von Rex McCandless erfundene Doppelschleifenrahmen in den vierziger Jahren für einen Triumph-Motor konzipiert worden, doch weil Norton-Fahrer Artie Bell sehr gute Erfahrungen mit diesem

Fahrwerk gemacht hatte (»Fährt sich wie ein Federbett«), bestellte seine Firma nach dem Krieg McCandless in die Rennabteilung. Mit diesem Rahmen konnte ab 1950 fast jeder Manx-Fahrer wesentlich stärkere Maschinen hinter sich lassen. Doch erst als auch die 600er und 650er Dominator-Serienmaschinen mit den Federbetten ausgerüstet wurden, waren diese Fahrwerke auch für die Jugend erschwinglich.

Als die sechziger Jahre zu Ende gingen und sich immer mehr Autobahn-Schneisen durch das Land zogen, verschwanden langsam die LKW-Cafés, die lange Zeit traditioneller Motorradtreffpunkt waren, von den Landstraßen. Dies fiel zusammen mit der Ankunft der schnellen und zuverlässigen Motorräder aus dem Land der aufgehenden Sonne. Der erste Hammer war die vierzylindrige Honda CB 750, darauf folgten in kurzen Abständen die Kawasaki Z 900 (»Frankensteins Tochter«), Suzukis GS 750 und 1000, Hondas Reihen-Sechszylinder CBX 1000 und Yamahas überschwere XS 1100, um nur Beispiele zu nennen. Getunte englische Motoren konnten auf Wettbewerben allerdings weiterhin vorne mitmischen, so konnte sich beispielsweise Tom Christensons von einem Norton Commando-Motor angetriebener Dragster sehr lange bei amerikanischen Viertelmeilen-Rennen behaupten.

Die japanischen Vierzylinder ermöglichten es den Speed-Freaks auf der ganzen Welt, sich der Leistung zu bemächtigen, die vorher nur Werksteams und sehr reichen Leuten vorbehalten war. Mit dem Erscheinen einer Honda CB 750 oder Kawasaki Z 900 konnte nahezu jeder sein Erspartes auf den Tresen eines Händlers legen und mit einem Motorrad vom Hof fahren, das leistungsmäßig fast keine Wünsche offen ließ. Doch wieder gab es einen Zubehörmarkt und Leistungs-Gurus wie Colin Seeley, Paul Dunstall, Dave Degens (Dresda) und die Rickman-Brüder in England oder Eckert, Gläser und Rau in Deutschland und natürlich Fritz Egli aus der Schweiz. Sie alle stellten Leistungs- und Zubehörteile für individuelle Eigenbauten sowie verbesserte Fahrwerke gegen die damals typischen Handlingschwächen her.

Auf der Viertelmeile kamen die japanischen Reihen-Vierer auch als erstes groß heraus – bei 400 Metern geradeaus machte sich ein schlechtes Fahrwerk nicht sonderlich bemerkbar. Bereits 1975 brach Russ Collins mit seinem von drei Honda-Motoren und Lachgaseinspritzung angetriebenen Dragster die magische Acht-Sekunden-Grenze.

Auf der Rennstrecke sah es mit den japanischen Leistungswundern dagegen ganz anders aus. Schließlich hatte bereits mehr als zwanzig Jahre zuvor Norton mit der Federbett-Manx bewiesen, dass viele Pferdestärken nichts nützen, wenn man sie schlecht auf den Asphalt bringen kann. Und die japanischen Fahrwerke waren nicht nur weich, sondern auch schwer. Spezialisten wie Dunstall, Dresda und Read Titan boten so zunächst Gabelstabilisatoren, Gussräder mit Qualitätsreifen, härtere Stoßdämpfer und stabilere Schwingen an. Und es dauerte nicht lange, bis Rickman und Seeley neben traditionellen Sportteilen wie großen Tanks, kleinen Sitzen, lauten Auspuffanlagen und Stummellenkern auch komplette Rahmen-Kits anboten.

Zu dieser Zeit kam erstmals der Begriff »Superbike« auf. Die Superbike-Rennen kamen aus den USA, wo Serienmaschinen-Rennen wesentlich mehr beachtet wurden als die von den Europäern favorisierten WM-Grand-Prix-Rennen. Obwohl Steve McLoughlin das erste in Daytona abgehaltene Rennen auf einer BMW R 90S gewann, waren es anschließend lange Zeit die großen und brutalen Vierzylinder der vier japanischen Hersteller, mit denen die Pokale abgeräumt wurden. Und es gab berühmte Werks-Maschinen – zweirädrige Raufbolde wie Eddie Lawsons grüne Kawasaki Z 1000 oder Freddie Spencers Honda CB 900.

In den siebziger Jahren kamen erstmals amerikanische Teams nach Europa, zwar fuhren Kenny Roberts und Barry Sheene Zweitakt-GP-Maschinen, doch Wes Cooley hatte bereits seine Suzuki GS 1000 dabei. Und so dauerte es nicht lange, bis die ersten Hobby-Schrauber ihre Superbike-Imitate auf die Straße brachten. Kawasaki reagierte als erstes und brachte die Serien-Replika von Lawsons Z 1000 heraus – natürlich in grün.

Erstaunlicherweise begann zeitgleich mit den immer stärkeren Multizylinder-Motoren der Japaner die Ausbreitung des coolen Images der »gechoppten« Motorräder samt dem dazugehörigen Lebensstil. Nachdem der Low-Budget-Film »Easy Rider« auf beiden Seiten des Atlantiks in kürzester Zeit Kultstatus erreicht hatte, begann nahezu jeder Biker mit einem Hang zum Individualistischen von den umgebauten Panhead-Harleys von Peter Fonda und Dennis Hopper zu träumen. Wahrscheinlich rettete dieser Boom die kränkelnde Firma aus Milwaukee, doch auch die Japaner boten bald – zunächst in der Low-Budget-Klasse und später als freche Kopierer des amerikanischen Originals – »Werks-Custombikes« an. Der Begriff »Custom« bedeutete eigentlich »individuell hergerichtet«, doch die meisten Kunden begnügten sich damit, ihr Custombike mit Teilen aus dem Zubehörmarkt zu verzieren.

Obwohl die Chopper (chopping = abhacken) wenig mit Hochleistungs-Motorrädern gemeinsam hatten, waren es Leute aus dieser Szene, die erstmals ein Motorrad bauten, das den Namen »Streetfighter« erhielt. Tiefergelegt und ausgerüstet mit einem großvolumigen und bis zum Anschlag getunten Vier- oder Sechszylindermotor sowie allen überflüssigen Zierrats (inklusive der Hinterradfederung) beraubt, sahen die Maschinen mehr nach Dragster als nach Easy-Rider-Chopper aus. Die Besitzer steckten ihr Geld lieber in die Erhöhung der Motorleistung als in Chrom- und Lackteile. Die Maschinen wurden zu einem einzigen Zweck gebaut: Sehr sehr schnell auf einer Geraden zum Ziel zu gelangen... normalerweise zum nächsten Café.

Als Suzuki 1985 seine ölgekühlte GSX-R 750 mit Alu-Fahrwerk herausbrachte, wurde damit jedem gewöhnlichen Biker der Zugang

zu einer echten Rennstrecken-Replika ermöglicht. Die originale GSX-R 750 basierte auf dem Langstreckenrenner XR 69, den Suzuki nicht öffentlich anbot. Die Leistungswerte von erschwinglichen Motorrädern waren damit endgültig durch die 100 PS-Schallmauer gebrochen. Doch ausnutzen konnte diese Leistung immer noch nur derjenige, der seine Maschine bei Spezialisten fahrwerksmäßig verbessern ließ.

Aus ästhetischer Sicht müssen perfekte Streetfighter-Rahmen sicherlich aus makellos verarbeiteten Alu- oder Stahlrohren gefertigt werden, wie sie Spondon oder Harris in Gitterrohr-Bauweise anbieten. Zwar haben die japanischen Hersteller im Fahrwerksbereich seit den siebziger Jahren viel gelernt, doch schöner sind ihre Rahmen dadurch nicht unbedingt geworden. Die Grenzen moderner Sportmaschinen liegen immerhin zumeist jenseits der Möglichkeiten der meisten Besitzer.

Nicht nur das Handling einer Kawasaki Z oder Suzuki GSX-R aus den achtziger Jahren kann durch den Einbau einer modernen Upside-Down-Gabel, einer Einarmschwinge und moderner Dreispeichenräder mit schwimmenden Bremsscheiben und Mehrkolbensätteln verbessert werden, auch die Optik gewinnt merklich. Allerdings ist es auch eine Tatsache, dass beim Thema Leistungsgewicht viele selbstgebaute Kreationen mit ihren modernen Fahrwerksteilen niemals mit der überragenden Grazie und dem Handling einer serienmäßigen Honda Fireblade, Yamaha R 1 oder Kawasaki ZX 12 mithalten können.

Was niemals geleugnet werden kann, ist die Tatsache, dass das Styling von der Straße stammt. Die selbstgebauten Café-Racer der fünfziger Jahre beeinflussten Serien-Sportmaschinen, wie etwa die BSA Rocket Gold Star und die Norton 650 SS der sechziger Jahre. Auf ähnliche Weise sprangen die Japaner Ende der siebziger Jahre auf den Chopper-Zug auf, um einen Teil des Custom-Kuchens abzukriegen. Sie schufen eine Reihe enttäuschender und absolut hässlicher Chopper-Imitate. Doch in den späten Achtzigern haben fast alle Söhne Nippons rechtzeitig erkannt, dass großvolumige nackte Retro-Bikes mit reichlich Drehmoment sehr populär waren, und so stellte man diese Sorte lammfrommer und furchtsamer Motorräder her, nach denen sich das Publikum so lange gesehnt hat. In den jüngeren Jahren haben Honda, Kawasaki, Suzuki und Yamaha bis hin zu Ducati, Cagiva und auch Triumph erkannt, dass abgespeckte Streetfighter der letzte Schrei sind – folglich bot man mehr oder weniger verwässerte Imitationen an – genau wie damals bei den Choppern.

Wie sieht die Zukunft des Streetfighters aus? Die ursprüngliche Lehre, den Standard-Motor stärker, das Fahrwerk stabiler, die Reifen breiter und alles leichter zu machen, ist ausgereizt. Der einzige Weg, die modernen Serienmaschinen deutlich zu verbessern, liegt darin, sie mit Komponenten auszurüsten, die sich auch an WM-Superbikes oder GP-Rennern gut machen. Je weiter das neue Jahrtausend fortschreitet, desto mehr ähneln die Werks-Streetfighter den Straßen-Maschinen, die sie nachahmen sollten. Kawasakis

Eddie Lawson-Replika ZX 12 hat inzwischen einen 190 PS-Motor und ersetzt die untermotorisierte ZXR 1100, Honda hat seine (übergewichtige) X 11, Cagiva baut mit den Restbeständen von Suzukis TL 1000-Motoren die Raptor-Modelle, Ducati stellt mit dem wassergekühlten 916-Aggregat die neue Über-Monster her, bei der Triumph Speed Triple bekommt man statt der Streetfighter-Doppellampe einen »normalen« Scheinwerfer nur gegen Aufpreis, Yamaha toppt seine XJR 1300 mit der 1000er Fazer und Voxan schreibt sogar »Café Racer« an seine Maschinen.

Da Motoren heute für jeden Belang ausreichend stark sind (obwohl es weiter heißen wird: »Zuviel ist nie genug«) und die Fahrwerke damit auch zurecht kommen, bleibt nur eine Verbesserung des Stylings. Ob es eine Rückkehr zur gestrippten Renn-Replika wird – als Zeuge tritt die füllige GSX-R 1100 der frühen neunziger Jahre auf, oder ob sorgfältiges Styling in Mode kommt (wie in Frankreich) – es scheint, dass die Tage der Rahmen-Kits gezählt sind. Die Anforderungen an Rahmenspezialisten, das Handling zu verbessern, werden immer komplizierter, seit die Hersteller ihre Konstruktionen und Herstellungsprozesse so weit verbessert haben, dass auch ein Serienfahrwerk die Räder eines aufgebohrten und mit Nitro-Booster versehenen Fighters in der Spur halten kann. Es scheint berechtigt zu erwähnen, dass sich seit den Tagen der Café-Racer in den fünfziger Jahren bis zu den Streetfightern, die heute von einer neuen Generation von Freaks gefahren werden, viele Dinge im Kreis gedreht haben. Die Parallelen zwischen beiden Konzepten sind offensichtlich. Beide wurden aus den schnellsten Maschinen ihrer Zeit gebaut, und beide waren und sind schneller, leichter, böser, klarer und unverschämter als alles, was ein Motorrad aus der Kiste jemals bieten kann. Doch vor allem sind sowohl Café-Racer als auch Streetfighter europäische Konzepte, und nicht wie die Chopper und ihre Ableger aus Amerika importiert. Somit sind sie der transatlantischen Ideologie »Zuerst die Form, dann die Funktion«, wie sie in den Siebzigern auf die Chopper und ihre Nachkommen Einfluss hatte, nichts schuldig.

Streetfighter haben hingegen auf der ganzen Welt ihre Jünger bekehrt. Die Amerikaner favorisieren aufgrund der populären Dragsterrennen (wie immer) maximale Leistung, gefräste Räder und verlängerte Schwingen, besonders in den Südstaaten. In Deutschland sind bunt lackierte Motoren und äußerst kurze hochgezogene Hecks in Mode, Franzosen legen großen Wert auf perfekte Lackierung und schickes Styling, während Briten ihre zumeist nackten flachen Maschinen mit Insektenaugen lieben.

Mode und technischer Fortschritt bestimmen, wie und wann solche Trends sich verstärken, und welche Richtung sie nehmen werden. Doch eines ist ganz sicher: Solange es Motorräder gibt (wer weiß, was dem Gesetzgeber noch so einfällt), wird es immer fantasiereiche Leute geben, die alles noch etwas unverschämter, frecher und extremer machen müssen. Willkommen in der Welt der Streetfighter.

DODGE
FACTORY

Dodges GSX-R

MOTOR:	COSWORTH 1340 CM³, VERDICHTUNGSVERHÄLTNIS 9:1, POLIERTE ZYLINDERKÖPFE UND KANÄLE, HOCHSTABILE SCHRAUBEN UND MUTTERN AN ZYLINDERKOPF UND MOTORGEHÄUSE, GESCHLITZTE NOCKENWELLENRITZEL, VERSTÄRKTE KUPPLUNG, VERSETZTES KOSMAN-MOTORRITZEL MIT SPEZIELL ANGEFERTIGTER AUßENLAGERPLATTE, SUZUKI GSX-R 1100-VERGASER MIT DYNOJET, K&N-FILTER, VANCE & HINES PRO-PIPE-AUSPUFF
RAHMEN:	SUZUKI GSX-R 1100 MIT SPEZIELL ANGEFERTIGTEM DRS-HILFSRAHMEN, VERSTÄRKTER LENKKOPF, INNENSEITE DER OBERROHRE MIT PLATTEN VERSTÄRKT, SCHWINGENLAGERUNG LINKS VERSETZT, ZURÜCKVERLEGTE MARTEK-FUSSRASTENANLAGE
VORNE:	SUZUKI GSX-R 750 M-GABEL (VON MAXTON ÜBERARBEITET), DRS-GABELBRÜCKEN, GESCHRAUBTES KERSHAW-RAD (120 X 17"), RENTHAL-LENKER, SUZUKI GSX-R 750-INSTRUMENTE
HINTEN:	SUZUKI GSX-R 750 W-SCHWINGE UND STOSSDÄMPFER, HONDA FIREBLADE-VORDERRAD-BREMSSATTEL, SUZUKI GSX-R 1100 M-BREMSSCHEIBE, GESCHRAUBTES KERSHAW-RAD (7 X 17"), 200ER REIFEN
ANBAUTEILE:	SUZUKI GSX-R 750 M-CARBONKOTFLÜGEL, SUZUKI GSX-R 1100 H-TANK MIT VERLEGTEM PINGEL-BENZINHAHN, HONDA CG 125-HECKTEIL
ELEKTRIK:	SUZUKI GSX-R 750 WP-SCHALTER UND KABELBAUM, KAWASAKI GPZ 1100 B2-SCHEINWERFER, YAMAHA RD 500 LC-RÜCKLICHT, HONDA FIREBLADE-BATTERIE

DODGES GSX-R

MAN KANN SIE IM LETZTEN GANG AUF EINEM RAD FAHREN – BIS 200 KM/H ODER DARÜBER HINAUS...

COSWORTH
1340cc
PERFORMANCE EXHAUST SYSTEM
NISSIN

Ähnlich wie viele andere von Dodge konstruierte Motorräder ist auch diese Suzuki für Wheelies gebaut. Hohe, lange, schnelle und beeindruckende Wheelies. Original war sie mit einem um zwei Millimeter von 1127 auf 1186 cm^3 aufgebohrten Motor ausgerüstet, später kam der 1340er Cosworth-Kit drauf, der lange Zeit ungenutzt bei einem Freund herumgelegen hatte.

Nachdem man handelseinig geworden war, baute Dodge den Motor mit geschlitzten Nockenwellenritzeln, verstärkten Schrauben und Muttern an Zylinderkopf und Motorgehäuse, einer verstärkten Kupplung und neuen Serienpleueln samt Lagerschalen zusammen. Ein Vance & Hines Pro-Pipe erledigte die Abgasrückführung. Der Zylinderkopf war bereits strömungsoptimiert, doch erfuhr er aufgrund der größeren Kolben eine zweite Stufe der Politur und Kanalbearbeitung.

Dodge entschied, dass die originale Motorlackierung nicht mehr gut genug war. So deckte er sorgfältig alles ab, um das Aggregat zunächst zu strahlen und später mit einer glänzenden Pulverbeschichtung überziehen zu können. Das Finish ist fantastisch geworden, doch dauerte die Vorbereitung mehr als acht Stunden.

Nach Beendigung der Arbeiten am Motor war es an der Zeit, sich das Fahrwerk vorzunehmen. Der erste Anruf galt dem bekannten Dragster-Rennfahrer Tony Kershaw, um eine neue Felge für das zerlegbare Hinterrad zu bestellen. Dodge hatte sich bereits einen 200er Reifen gekauft und brauchte nun eine riesige 7"-Felge dafür. Allerdings war der GSX-R 1100 H-Rahmen für dieses Rad nicht breit genug, also musste auch ein neues Heck gebaut werden. Unter Verwendung einer 750 SRAD-Schwinge samt Stoßdämpfer und durch die Versetzung des linken unteren Rahmenteils konnte eine passende Aufnahme gebaut werden. Dank eines versetzten Kosman-Motorritzels mit Außenlagerplatte läuft die Kette jetzt sehr knapp links am Rad vorbei.

Nach allen Endarbeiten produziert die GSX-R jetzt 142 Nm bei 6000 U/min und 155 PS bei 8000/min – am Hinterrad. Aufgrund dieser Werte ist es auch verständlich, dass Dodge in der Lage ist, die Maschine in allen Gängen auf dem Hinterrad zu halten, selbst im fünften Gang kommt sie noch hoch – und kann bis 200 km/h oder darüber hinaus darauf balanciert werden.

Steves Spondon

MOTOR:	SUZUKI GSX-R 1100 M, DYNOJET STUFE 3, MODIFIZIERTER 4-2-1-EDELSTAHLAUSPUFF VON MICRON OHNE ENDSTÜCK, DYNA-ZÜNDSPULEN, TAYLOR-ZÜNDKABEL, BREITER GOODRIDGE-ÖLKÜHLER, MODIFIZIERTE ÖLWANNE ALS AUSPUFFHALTER
RAHMEN:	SPONDON-DICKROHR-ALURAHMEN MIT ABNEHMBAREM UNTERZUG
VORNE:	WHITE POWER-UPSIDE-DOWN-GABEL, EINSTELLBARE SPONDON-GABELBRÜCKEN, 320ER SPONDON-BREMSSCHEIBEN, HONDA VTR 1000-VORDERRAD, DUCATI 916-BREMSSÄTTEL, TACHOMETER AUS ANDY B'S KELLER, BRIDGESTONE BT 50-REIFEN, KAWASAKI ZXR-HAUPTBREMSZYLINDER, GOODRIDGE-BREMSLEITUNGEN
HINTEN:	SPONDON-MÖWENFLÜGEL-SCHWINGE MIT 6-ZOLL-HINTERRAD-EINSTELLER, ÖHLINS-STOSSDÄMPFER, DUCATI MONSTER-BREMSSATTEL MIT MODIFIZIERTER AUFNAHME, GOODRIDGE-BREMSLEITUNG, BRIDGESTONE BT 50-REIFEN
ANBAUTEILE:	SPONDON-ALUTANK, MODIFIZIERTER DUCATI 916-VORDERRAD-KOTFLÜGEL, MODIFIZIERTE DUCATI MONSTER-SITZBANK SAMT HECK

STEVES SPONDON

SPONDON
brembo

In den späten Siebzigern konkurrierten verschiedene Rahmenbauer gegeneinander um die Gunst der Kunden, doch vor allem zeigten sie den großen Herstellern auf den Rennstrecken dieser Welt, was von den Werksrennern, egal ob sie TZ, TR oder KR hießen, zu halten war. Die Fahrer konnten sich entscheiden, ob sie einen teuren aber wackeligen Werksrenner oder einen preiswerten, aber straffen Eigenbau benutzen wollten. Einige dieser Hersteller wechselten später in profitablere Bereiche wie Kit-Cars (Rickman) oder spezialisierten sich zum Beispiel auf Federsysteme (Maxton), doch einige blieben auch bei Motorradrahmen, entweder für die Rennstrecke (Harris) oder für die Straße (Spondon). Hier ist Steve Proudloves glänzende, minimale, aber radikale Understatement-Spondon mit GSX-R-Motor zu sehen.

Die Maschine täuscht vor, sehr selten benutzt und mehr als Show-Bike eingesetzt zu werden, doch Tatsache ist, dass sie schon genauso kreuz und quer durch Europa gefahren wurde wie auch auf der Rennstrecke.

Mit einer Sitzhöhe, wie man sie bei Supermotards (den Motocrossern mit 17"-Rennbereifung) erwartet, schreit die Spondon geradezu nach Kurvenspaß. Das geringe Gewicht der aus Aluminium gefertigten Teile (Rahmen, Schwinge, Tank) sowie der minimal lackierten Kohlefaser-Anbauteile macht in Verbindung mit dem drehmomentstarken GSX-R 1100-Motor dem Vorderrad beim Beschleunigen das Leben leicht, dem Hinterrad dagegen umso schwerer.

Auch der vom Grünen ins Blaue wechselnde Effekt-Lack lässt die Spondon unter allen anderen Motorrädern herausstechen, denn diesen Lack sieht man ansonsten nur auf sehr exklusiven Sportwagen.

Obwohl der Motor weitgehend serienmäßig geblieben ist – einzig K&N-Luftfilter, die Stufe 3 der Dynojet-Bedüsung, ein wenig restriktiver 4-2-1-Edelstahlauspuff von Micron ohne Endstück, Dyna-Zündspulen und Taylor-Zündkabel kamen hinzu –, müssen sich Gegner in Acht nehmen, wenn Steve vor Beschleunigungsrennen das Hinterrad zur Verbesserung der Traktion um 150 mm nach hinten geschoben hat. Zudem ist jetzt auch noch ein Big-Bore-Kit bestellt...

MIT EINER SITZHÖHE, WIE MAN SIE BEI SUPERMOTARDS (DEN MOTOCROSSERN MIT 17"-RENNBEREIFUNG) ERWARTET, SCHREIT DIE SPONDON GERADEZU NACH KURVENSPASS.

VOTE WISELY
VOTE SILLY
Kevin Phillips-Bot
Major Rampant
Mrs. Elsie Zzzzzzzzz
Jethro Q Walrustitty
Jimmy Tabernacle

Monty Python

MOTOR:	98ER S 3 THUNDERBOLT (1200ER SPORTSTER), BUELL RACE-KIT, THUNDERSTORM-ZYLINDERKÖPFE, BUELL-SPORTAUSPUFF
RAHMEN:	98ER S 3 THUNDERBOLT
VORNE:	S 3 THUNDERBOLT, UPSIDE-DOWN-GABEL, 17"-RAD, SECHSKOLBENSATTEL VON PERFORMANCE MACHINE, EINE SCHWIMMENDE 340 MM-BREMSSCHEIBE
HINTEN:	98ER S 3 THUNDERBOLT, WHITE POWER-STOSSDÄMPFER

Tigerstreifen

MOTOR:	98ER S 1 LIGHTNING (1200ER SPORTSTER), HOCHLEISTUNGS-LUFTFILTER, STUFE 1, VANCE & HINES-AUSPUFF
RAHMEN:	98ER S 1 LIGHTNING
VORNE:	98ER S 1 LIGHTNING, UPSIDE-DOWN-GABEL, 17"-RAD, SECHSKOLBENSATTEL VON PERFORMANCE MACHINE, EINE SCHWIMMENDE 340 MM-BREMSSCHEIBE
HINTEN:	98ER S 1 LIGHTNING, WHITE POWER-STOSSDÄMPFER
ANBAUTEILE:	98ER S 1 LIGHTNING MIT MODIFIZIERTEM HECK

Zweimal Buell

WER EINE GEFAHREN HAT, WIRD EVENTUELLE VORURTEILE ÜBER TRÄGE HARLEY-MOTOREN SCHNELLSTENS ÄNDERN.

Buells werden gerne als Beweis dafür angesehen, dass die Harley-Davidson Motor Company der sich entwickelnden Motorradwelt durchaus Anerkennung zollt, während man mit seinen eigenen Modellen eher die Zeit verschlafen hat. Und die Streetfighter-Sportster zeigt nur, wieviel Notiz das Big Business vom Trend der Straße nimmt. Doch man darf dabei auch nicht vergessen, dass die Buell das Einzige ist, was Harley noch den strengen amerikanischen Abgasgesetzen entgegen stellen kann. Man hatte schließlich den Sportster-Motor, lange Zeit als Einstiegsdroge oder Baby-Harley verschrieen, und plötzlich kam dieses kurios aussehende Bike, das jedoch alsbald alle Kritiker verstummen ließ – dank Erik Buell, der lange Zeit treu zu seinem Produkt stand, bis es endlich gebaut wurde.

Wer eine gefahren hat, wird eventuelle Vorurteile über träge Harley-Motoren schnellstens ändern. Die Ausgangsbasis war die 1996 eingeführte S 1 Lightning – man konnte wirklich fast 200 km/h damit fahren, bevor der Drehzahlbegrenzer einsetzte. Wenn die Übersetzung nicht so lang ausgefallen wäre, hatten viele Fahrer ungewollt ständig Wheelies vorgeführt. Und all dieses aufgrund kleiner Änderungen an den Zylinderköpfen und mit einem gut angepassten Vergaser – und dem riesigen Schalldämpfer unterhalb des Motors. Denn das ist das, was Harley-Fahrer nicht einsehen wollen: Nur ein riesiger Topf bringt den großen Kick. Trotzdem würde kein Sportster-Besitzer sich dieses scheinbar aus dem LKW-Bau stammende Teil an seine Maschine bauen.

Hier haben wir zwei Beispiele dieser Marke, die weniger einen sportlichen Anspruch haben als vielmehr mit dem Wort Streetfighter zu verbinden sind. Es ist noch nicht die Zeit dafür, dass jemand eine von vorne bis hinten selbst durchgestaltete Custom-Buell auf die Räder stellt. Doch es wird nicht lange dauern, bis sich auch hier Pioniere finden. Diese Maschinen wurden freundlicherweise von John Potter und der Firma Dockgate 20 H-D/Buell und ihrem Lackierer Steve Woodhall zur Verfügung gestellt. Johns Thunderbolt glänzt mit ihrer Monty-Python-Flying-Circus-Lackierung, sie ist mit einem aus Thunderstorm-Zylinderköpfen, einer Edelstahl-Auspuffanlage, einem durchlässigen Luftfilter und einer neuen Vergaserbedüsung bestehenden Buell-Race-Kit ausgerüstet. Die Lightning vibriert bereits durch ihre Farbgebung, doch auch die Stufe 1 des Tuning-Pakets mit dem neuen Luftfilter, der Vergaserbedüsung und dem Vance & Hines-Auspuff trägt zur Sprungbereitschaft des Tigers bei – es werden weitere Motor-Modifikationen dazu kommen. Auch werden sich mit der Zeit weitere Streetfighter-Buells auf den Straßen zeigen, das ist gewiss.

ES WERDEN WEiTERE MOTOR-MODiFiKATiONEN DAZU KOMMEN, AUCH WERDEN SiCH MiT DER ZEiT WEiTERE STREETFiGHTER-BUELLS AUF DEN STRASSEN ZEiGEN, DAS iST GEWiSS.

1127

Harris Magnum IV GSX-R

MOTOR:	SUZUKI GSX-R 1100 L, DYNOJET STUFE 3, K&N-LUFTFILTER, SPEZIELL ANGEFERTIGTE EDELSTAHL-AUSPUFFANLAGE, DYNA-ZÜNDSPULEN, 136 PS
RAHMEN:	HARRIS MAGNUM IV, MODIFIZIERTES HECK
VORN:	SUZUKI GSX-R 1100 L-GABEL, RAD UND BREMSEN, A&D-ENGINEERING-GABELBRÜCKEN UND LENKERHALTER, INTEGRIERTER MINI-TACHO, RENTHAL-LENKER, A&D-ENGINEERING-GRIFFE
HINTEN:	HARRIS-SCHWINGE, ÖHLINS-STOSSDÄMPFER, SUZUKI GSX-R 1100 L-RAD UND BREMSE, HARRIS-HAUPTBREMSZYLINDER
ANBAUTEILE:	SUZUKI GSX-R 1100 L-VORDERRADKOTFLÜGEL, HARRIS MAGNUM IV-TANK, MODIFIZIERTES KAWASAKI Z 650-HECK, SUZUKI BANDIT-RÜCKLICHT

HARRIS MAGNUM IV GSX-R

WAS CHOMS MAGNUM IV VON JEDER ANDEREN HARRIS UNTERSCHEIDET, IST DAS STYLING.

Es ist bereits 30 Jahre her, dass Steve und Lester Harris zusammen mit ihrem guten Freund Steve Bayford die inzwischen weltbekannte Firma Harris Performance Products Ltd. gründeten. In dieser Zeit sind kaum mehr als 3000 Motorräder aus der im englischen Herfordshire befindlichen Halle gerollt. Darunter sind Motorräder, die bei GPs, Superbike- und Langstrecken-Rennen oder auf der Isle of Man gewonnen haben. Und natürlich sind auch zahllose Privatbikes darunter, die bei kleineren Rennen eingesetzt wurden, sowie nicht zu vergessen die auf Harris-Rahmen basierenden Straßenmaschinen...

Doch ungeachtet der zahllosen Anerkennungen für die Konkurrenzfähigkeit der Harris-Produkte ist die Firma besser bekannt wegen ihres Programms an Rahmen-Kits – vom Magnum I bis zum Magnum IV. Diese werden vom bescheidenen GPZ 550 über Hondas Fireblade bis zum Suzuki GSX-R 1100 um verschiedene Motoren herum gebaut. Auch diese Straßenmotorräder haben von der auf den Rennstrecken gesammelten Sachkenntniss und Erfahrung profitiert.

Chom Scott ist der Besitzer einer solchen straßenzugelassenen Harris, aber sein Modell unterscheidet sich ganz eindeutig von den anderen Maschinen. Der Rahmen ist ein normaler Magnum IV – ein den ölgekühlten GSX-R-Motor einschließendes Stahlgitter-Arrangement, das mit einem kompletten Suzuki-Vorderbau und hinten mit einer riesigen Harris-Schwinge, einem Öhlins-Stoßdämpfer sowie einem Suzuki-Rad samt Bremse in Bodenkontakt bleibt. Der Motor enthält nicht viele Überraschungen, es handelt sich um eine drehmoment- und leistungsstarke, aber sehr serienmäßige Version aus der GSX-R 1100, dem offene Luftfilter, ein Dynojet-Kit, Dyna-Zündspulen und ein speziell angefertigter hochgelegter Auspuff verpasst wurde.

Was Choms Magnum IV von jeder anderen Harris unterscheidet, ist das Styling. Da ist das modifizierte Z 650-Heckteil, das hinter dem breiten Harris-Alutank so winzig aussieht, wie es sonst hauptsächlich an deutschen Streetfightern zu finden ist. Der hohe und breite Renthal-Lenker ermöglicht eine Sitzposition, die an eine Crossmaschine erinnert, die massiven Gabelbrücken und Lenkerhalter lassen einen jedoch wieder an die amerikanische Viel-hilft-viel-Philosophie denken. Das Finish der Maschine lässt so manchen Custombike-Besitzer grün vor Neid werden: Alle Edelstahl- und Aluminiumteile sind auf Hochglanz poliert und überall finden sich Spitzhutmuttern. Zur Klarstellung (oder auch zur völligen Verwirrung) hat Chom liebevoll das originale GSX-R-Logo auf den Ledersitz genäht.

1127

Crackle Martek

MOTOR:	SUZUKI GSX-R 1100 N, DYNOJET STUFE 3, K&N-LUFTFILTER, MICRON 4-2-1-KRÜMMER MIT GEKÜRZTEM COBRA-ENDTOPF, SERCK MARSTON-ÖLKÜHLER
RAHMEN:	MARTEK MK 2 DICKROHR, MARTEK-FUSSRASTEN
VORN:	ALBRAFIN-BESCHICHTETE GSX-R 1100 N-GABEL, GABELBRÜCKEN (POLIERT), RAD, BREMSEN, HAUPTBREMSZYLINDER, SCHALTER UND INSTRUMENTE, ÖHLINS-LENKUNGSDÄMPFER, RENNTEC-DRAGBAR-LENKER
HINTEN:	VERSTÄRKTE MARTEK-DICKROHR-SCHWINGE, TECH 2000-STOSSDÄMPFER, GSX-R-RAD UND BREMSE, HARRIS-HAUPTBREMSZYLINDER
ANBAUTEILE:	SUZUKI GSX-R 1100 N-VORDERRADKOTFLÜGEL, MARTEK-TANK MIT AEROTEK-VERSCHLUSS, SPEZIELL ANGEFERTIGER FIBERGLAS-HÖCKER VON EVESHAM STREETFIGHTERS, BRANCATTO-SITZPOLSTER

CRACKLE MARTEK

IN DER VARIATIONSREICHEN WELT DER MOTORRÄDER UND SOGAR IN DER SCHMALEN STREETFIGHTER-NISCHE EXISTIEREN NATIONALE STYLING-UNTERSCHIEDE.

SUZUKI
NISSIN

In der variationsreichen Welt der Motorräder und sogar in der schmalen Streetfighter-Nische existieren nationale Styling-Unterschiede. Beispielsweise mögen die Amerikaner lange gestreckte Maschinen, die Franzosen stehen auf wilde schrille Farben auf verkleideten Maschinen, und deutsche Streetfighter stehen (wahrscheinlich aufgrund der jahrzehntelangen Restriktionen mit den extralangen Kotflügelverlängerungen) auf kurze Stummelhecks – so wie bei der hier zu sehenden Martek von Russel Garret. Dass Russel kein Deutscher ist, erkennt das Fachpublikum allerdings an dem nicht bunt lackierten Motor.

Das Skelett der Maschine bildet ein Martek Mk II »Big-Tube«-Rahmen. Inzwischen existiert Martek nicht mehr, doch früher war die Firma ein bekannter Anbieter von Aluminium-Rahmen und CNC-gefrästen Teilen. Gleichzeitig bot man mehrfach versteifte Schwingen, Alu-Tanks und Fußrasten an. Nachdem Russel den Motor und Fahrwerksteile einer GSX-R 1100 N und die verschiedenen anderen Teile zusammen hatte, lud er sie in den Lieferwagen seines Chefs und machte einen Ausflug zu Evesham Streetfighters Engineering, um daraus ein komplettes Motorrad bauen zu lassen. Damit ersparte er sich das Gefluche und die aufgekratzten Knöchel, die ein vollständiger Selbstaufbau mit sich bringt. Einige Monate später fuhr er noch einmal dort hin, um seine fertige Martek-GSX-R abzuholen.

Außer, dass man den Motor in den Rahmen hängte, baute die Evesham-Crew auch einen Instrumentenhalter, Lenkerhalter, einen Kettenschutz und ein komplettes Heckteil, daneben modifizierten sie das Rahmenheck, den Schalldämpfer und das Hinterrad. Alles was noch fehlte, war eine Lackierung und eine Politur. Das Polier-Finish wurde jetzt von Florida Racing ausgeführt, während der aus dem House of Kolor stammende spezielle »rissige« Lack von der Firma Discot aufgetragen wurde und so die Maschine einen einmaligen und fantastischen Charakter erhielt.

Wiedersehen mit Harris

MOTOR:	SUZUKI GSX-R 750 M, ALBRAFIN-MOTORDECKEL, K&N-LUFT-FILTER, MICRON-EDELSTAHL-KRÜMMER, CARBON-SCHALLDÄMP-FER, GOODRIDGE-ÖLKÜHLER MIT ELOXIERTEN ANSCHLÜSSEN
RAHMEN:	HARRIS MAGNUM I, VOM BESITZER MODIFIZIERT, UM DEN GSX-R-MOTOR UND DAS ERHÖHTE HECK AUFZUNEHMEN, VON SWEARY BOB BEI SPONDON GESCHWEISST, HARRIS MAGNUM IV-FUSSRASTEN, VOM BESITZER GEBAUTES RAHMENHECK UND LENKUNGSDÄMPFERHALTER
VORN:	SUZUKI GSX-R 750 WP-GABEL, -BRÜCKEN, -RAD UND -BREMSEN, GSX-R-INSTRUMENTE MIT HARRIS-CARBONHALTER, ALULENKERHALTER MIT RENTHAL-LENKER, MAXTON 916-LENKUNGSDÄMPFER
HINTEN:	KOMPLETT VON SUZUKI GSX-R 750 WP, STOSSDÄMPFER VON MAXTON ÜBERARBEITET, HARRIS-MINI-HAUPTBREMSZYLINDER, BLAU ELOXIERTES KETTENRAD, REGINA-GOLD-KETTE
ANBAUTEILE:	HARRIS-KOHLEFASER-VORDERRADKOTFLÜGEL, HARRIS MAGNUM IV-TANK MIT SCHNELLTANKVERSCHLUSS, HARRIS ROTAX-SITZ (UM 40 MM VERBREITERT), ABZIEHBILDER, SITZ UND STICKEREIEN VOM BESITZER ANGEFERTIGT

WIEDER-SEHEN MIT HARRIS

ES IST EINFACH SO – DIE HARRIS-LEUTE SIND DIE BESTEN FAHRWERKSBAUER DER WELT.

CIBIE
CIBIE
SUZUKI

FILTERCHARGER EQUIPPED

Der Name Harris steht in allen Berichten und Artikeln über Streetfighter an ganz prominenter Stelle, also ist es auch nicht überraschend, dass sich in diesem Buch nicht nur eine Harris findet. Die Firma baut bereits seit Jahren Spezialrahmen für echte Speed-Freaks, und so finden sich heutzutage deren Kultobjekte von London bis Leipzig und von Rothenburg bis Rio. Es muss also einen Grund für diese Zuneigung geben... Und es gibt ihn: Es ist einfach so – die Harris-Leute sind die besten Fahrwerksbauer der Welt, und sie waren es von Anfang an. Obwohl sie ihr Handwerk über mehrere Jahrzehnte perfektionierten, kann sich auch eine ältere Maschine wie dieses Modell von Pete Dawson auch nach Jahrzehnten noch zeigen.

Der ursprünglich für die Kawasaki Z 1000 von Rennfahrer Jim Wells gebaute Magnum I-Rahmen trägt jetzt einen Suzuki GSX-R 750-M-Motor – und er macht es gut. Er kommt mit der Mehr-Leistung des modernen Motors klar, als wenn er dafür gebaut worden wäre. Die Fahrwerksteile wurden jedoch aktualisiert, so führt eine komplette GSX-R-Gabel das Vorderrad und verbessert damit die Lenkung und die Federung. Dadurch wurde auch ein Umbau des Hecks notwendig. Da Pete plante, die progressive Dämpfung der Suzuki einzubauen, ließ er von Sweary Bob bei Spondon den Rahmen entsprechend umschweißen.

Nachdem der reine Rohbau dastand und bereits absolut perfektes Handling versprach, wurde es Zeit, auf die Ästhetik und die Details zu achten, die ein Projekt erst richtig gut werden lassen (und die bei vielen Maschinen auf dem Weg von der Werkstatt zur Straße oftmals übersehen werden). Pete entschied sich für einen Harris Rotax-Sitz und verbreiterte ihn um 4 cm, um ihn an den Rest der Maschine anzupassen. Seine Hochachtung für Details sieht man im selbstgebauten Lenkungsdämpfer-Halter. Auch die Lackierung lässt Sorgfalt erkennen – schrille bunte Effekte waren niemals seine Sache. Stattdessen wählte Pete eine hübsche schwarze und perlmutt-blaue Understatement-Lackierung, die kein Foto in ihrer ganzen Pracht wiedergeben kann. So entstand ein außerordentlich perfekter und schnörkelloser Streetfighter.

SUZUKI
www. holeshot-racing.co.uk.
Paint by
MILLENNIUM
PFM

Jacks Turbo-Bandit

MARKE U. MODELL:	SUZUKI BANDIT 1200
MOTOR:	SUZUKI GSX-R 1100, 1277 CM³, MTC-KOLBEN, VERDICHTUNGS-VERHÄLTNIS 8,2 : 1, 1 MM QUETSCHKANTENSPIEL, CARILLO-PLEUEL, KENT-NOCKENWELLEN, GESCHLITZTE NOCKENWELLEN RITZEL, STRÖMUNGSOPTIMIERTER ZYLINDERKOPF, VERSTÄRKTE KUPPLUNG, RAYJET F 40-TURBOLADER, ATP-ANSAUGSTUTZEN, S&S-VERGASER, MR. TURBO-ABLASSKANAL, WUNOFF-AUSPUFF, WASSEREINSPRITZUNG
RAHMEN:	SUZUKI 1200 BANDIT
VORN:	SUZUKI BANDIT 1200-GABEL UND RAD, WHITE POWER-FEDERN, PFM 320 MM-BREMSSCHEIBEN, PFM-SECHSKOLBEN-BREMS-SÄTTEL, GOODRIDGE-BREMSLEITUNGEN
HINTEN:	SUZUKI BANDIT 1200-RAD, BREMSE UND SCHWINGE, WHITE POWER-STOSSDÄMPFER
ANBAUTEILE:	SUZUKI BANDIT 1200
ELEKTRIK:	SUZUKI BANDIT 1200, TURBO LOOM
LACKIERUNG:	MILLENIUM MOTORRADLACKIERUNGEN
POLIERARBEITEN:	HOLESHOT RACING

JACKS TURBO-BANDIT

SIND ZWEIHUNDERTACHTUNDFÜNFZIG PS UND 214 NM DREHMOMENT GENUG?...

km/h
mph
x1000r/min
OFF
ON
psi
cing.co.uk.

Vor fünfzehn Jahren ist Jarrod »Jack« Frost in die zweirädrige Hochleistungs-Szene eingeführt worden. Von Straßen- über Dragster-Rennen ist er in das Stuntman-Geschäft gekommen. Er hält den Wheelie-Weltrekord auf der Isle of Man, und zudem ist er professioneller Tuner.

Suzukis 1200 Bandit ist die populärste Maschine in der Streetfighter-Szene – der Motor sieht bereits gut aus und bringt reichlich Leistung, die Grund-Ästhetik ist in Ordnung, es gibt genügend von ihnen und vor allem sind sie preiswert. Um jedoch aus der Masse herauszuragen, braucht man entweder eine absolut schrille Lackierung oder aber einen deutlich verstärkten Motor. Als Besitzer der Firma Holeshot-Racing ist es nicht überraschend, dass Jarrod auf eine teure Mehrschicht-Lackierung verzichtete und sich lieber auf die Suche nach höchster Leistung begab.

Sind 258 PS und ein Drehmoment von 214 Nm ausreichend? Wenn nicht, dann können Sie 281 PS und unglaubliche 228 Nm haben – drehen Sie dazu nur das Überdruckventil so, dass es anstatt bei 1,0 erst bei 1,4 bar öffnet. Allerdings ist es nicht damit getan, an einen Standardmotor einen Turbolader zu schrauben. Turbos verlangen ein geringeres Verdichtungsverhältnis als Saugmotoren, um bei der Aufladung kein Klopfen entstehen und damit die Kolben schmelzen zu lassen. Also wurde das Verhältnis mit MTC-Turbo-Kolben von 11 : 1 auf 8,2 : 1 abgesenkt. Geatmet wird durch einen S&S-Shorty-Vergaser, ATP-Ansaugstutzen und bearbeitete Kanäle. Damit die Kraftübertragung nicht kollabiert, wurden Carillo-Pleuel und eine verstärkte Kupplung eingebaut.

Bei dieser Mehrleistung musste auch das Fahrwerk angepasst werden: Die Gabel erhielt White Power-Federn und hinten wurde ein Stoßdämpfer der gleichen Marke montiert. Gegen den sagenhaften Schub müssen jetzt auf 320 mm-Bremsscheiben wirkende Sechskolbensättel von PFM antreten – sie werden gut damit zu tun haben.

SUZUKIS 1200 BANDIT IST DIE POPULÄRSTE MASCHINE IN DER STREETFIGHTER-SZENE – DER MOTOR SIEHT BEREITS GUT AUS UND BRINGT REICHLICH LEISTUNG, DIE GRUND-ÄSTHETIK IST IN ORDNUNG.

HARRIS
NISSIN

Spezial-Harris

MOTOR:	HONDA CBR 900 RR, DYNOJET STUFE 3, K&N-FILTER IN ORIGINALER AIRBOX, AKRAPOVIC-KRÜMMER, SPEZIAL-SAMMLER UND -SCHALLDÄMPFER
RAHMEN:	HARRIS MAGNUM II, SPEZIAL-FUSSRASTEN UND -MOTORHALTERUNGEN
VORNE:	HONDA CBR 900 RR-GABEL, RAD, BREMSEN, HAUPTBREMSZYLINDER, SCHALTER UND INSTRUMENTE, HARRIS-GABELBRÜCKEN, SPONDON-LENKER
HINTEN:	SPONDON MÖWENFLÜGEL-SCHWINGE, ÖHLINS-STOSSDÄMPFER, SUZUKI GSX-R 750-RAD, SPONDON-BREMSSCHEIBE, BREMBO-BREMSSATTEL
ANBAUTEILE:	CARBON-VORDERRADKOTFLÜGEL, APRILIA RS 250-VERKLEIDUNG, SPONDON RC 45-TANK, MODIFIZIERTE HONDA CBR 900 RR-HÖCKERSITZBANK

SPEZIAL-HARRIS

DER MOTOR SITZT IN EINEM RAHMEN, DER FAST LEICHTER ALS LUFT IST, UND DAS VERHÄLTNIS VON LEISTUNG ZU GEWICHT IST WESENTLICH WICHTIGER ALS DIE REINE PS-ZAHL.

Es gibt gewisse Leute und gewisse Läden, die jahrein, jahraus fantastische Streetfighter konstruieren. Jedes Frühjahr verlässt eine neue Kreation ihre Werkstatt – und diese Harris ist eine solche Maschine. Die Magnum II mit Honda CBR 900 RR-Motor wurde von Geraint Short aus Glasgow gebaut. Leute, die sich in diesen Dingen auskennen, wissen, dass dies sehr unglaubwürdig klingt, denn der Magnum II-Rahmen wurde von den Harris-Brüdern in den frühen achtziger Jahren entwickelt, während die Honda Fireblade erst 1992 das Licht der Welt erblickte. Harris hatte tatsächlich nie einen Rahmen für das RR-Aggregat vorgesehen, bis man Ende 1997 den Magnum V vorstellte.

Zum Bau dieser Maschine mussten also spezielle Motorhalterungen angefertigt werden, die den Honda-Block im leicht modifizierten Harris-Rahmen sichern konnten. Der serienmäßige Luftfilterkasten der Fireblade musste ebenso untergebracht werden wie die modernen Fußrastenhalter. Da der originale Magnum II-Tank nicht mehr passte, musste ein an die RC 45 erinnernder Alu-Tank von Spondon verwendet werden. Der Motor entspricht weitgehend der Serie, nur atmet er durch K&N-Luftfilter und Dynojet-getunte Vergaser ein sowie durch eine Akrapovic-Krümmeranlage, einen selbstgebauten Sammler und einen Scorpion-Schalldämpfer wieder aus. Obwohl er nur etwa 125 PS auf den Prüfstand drückt – in einer Zeit der Yamaha R 1 oder Hayabusa gilt das schon als untermotorisiert – muss dabei berücksichtigt werden, dass der Motor in einem Rahmen sitzt, der fast leichter als Luft ist – und das Verhältnis von Leistung zu Gewicht ist wesentlich wichtiger als die reine PS-Zahl. Der Vorderbau ist durch und durch Honda Fireblade, nur die Gabelbrücken stammen von Harris, und zwischen ihnen ist ein Satz Spondon-Stummellenker angeklemmt. Das Hinterteil kommt von Spondon, die aus gebogenen Alu-Rohren gefertigte »Möwenflügel«-Schwinge sieht auch bedeutend eindrucksvoller aus als das dünne Stahlteil der originalen Magnum II. Das Suzuki GSX-R-Rad wird von einem auf einer Spondon-Scheibe sitzenden Brembo-Sattel verzögert, das ganze Heck stützt sich auf einen voll einstellbaren Öhlins-Dämpfer. Die hübsche Halbschale stammt samt Scheinwerfer von der Aprilia RS 250. Kotflügel und Sitzbankhöcker wurden wiederum von der Honda CBR gestellt, während den für den hochgelegten Schalldämpfer geeigneten Heckrahmen abermals Harris baute.

Das Einzige, was Geraint und sein Team nicht erledigten, war die schwarz-rote Lackierung, sie wurde von Duncan Magregor ausgeführt. Wenn die »schwarze Aprilia« im Rückspiegel auftaucht, bleibt auch für Fahrer wesentlich stärkerer Motorräder zumeist nur die Möglichkeit, sie bald vorbei zu lassen.

CBR900 SP

ÖHLINS
DENSO
MICHELIN
Agip
Red Bull
STIMULATION
Agip

Marlboro
Marlboro
MICHELIN
Castrol
Castrol
RK
TAKASAGO CHAIN
NGK

Marlboro Buell

MOTOR:	98ER BUELL M 2 CYCLONE, ÜBERARBEITETE BUELL S 1-ZYLINDERKÖPFE, SCREAMIN' EAGLE-NOCKENWELLEN, DYNOJET-KIT STUFE 2, LUFTKAMMER ENTFERNT, 7 ZOLL-K&N-LUFTFILTER, GERADEVERZAHNTE GETRIEBERÄDER, SUPERTRAPP-SCHALLDÄMPFER
RAHMEN:	98ER BUELL M 2 CYCLONE
VORN:	SERIENMÄßIGE 98ER BUELL M 2 CYCLONE-GABEL, STUMMEL LENKER, QA-GASGRIFF, MODIFIZIERTE INSTRUMENTE
HINTEN:	SERIENMÄSSIGE 98ER BUELL M 2 CYCLONE-SCHWINGE, RAD UND BREMSE, VOLL EINSTELLBARER WHITE POWER-STOSSDÄMPFER
ANBAUTEILE:	98ER BUELL M 2 CYCLONE-KOTFLÜGEL, STARK MODIFIZIERTE AIRTECH S 1-VERKLEIDUNG, AIRTECH-SITZHÖCKER

MARLBORO BUELL

Buell
AMERICAN MOTORCYCLES
Marlboro
Marlboro
MICHELIN
RK
TAKASAGO CHAIN
Castrol
NGK
Castrol

Obwohl der Rennreplika-Trend aktuell ist und bestens von der Motorradindustrie unterstützt wird, ist es selten, dass eine Maschine, die eine direkte Kopie einer Superbike- oder GP-Maschine darstellt, sich unter den Streetfightern tummelt – besonders, wenn die spezielle Maschine eine Replika einer 500er Grand Prix-Maschine mit Zweitaktmotor darstellt, aber von einem Viertakt-Twin angetrieben wird, der heutzutage eher die Bezeichnung »Dinosaurier« verdient.

Zweifellos radikal aussehend stellt das Bike ziemlich genau das dar, was Erik Buell mit seinen überwältigenden Maschinen geplant hat. Der Blickfänger dieser M 2 Cyclone ist die Rennstrecken-Replika-Lackierung auf der glatten und schnittigen Verkleidung, die von keinem anderen als dem berühmten Rennmaschinen-Einkleider Airtech stammt.

Da die Serien-Buell bereits einen optimierten Harley Sportster 1200-Motor besitzt, musste an der Marlboro-Buell leistungsmäßig nur noch wenig verändert werden. Natürlich stand die Demontage des Luftfilters und der obligatorische Wechsel der Auspuffanlage (Supertrapp) an, die quasi jeder Buell-Besitzer vornimmt. Allerdings stellte sich heraus, dass auch der Umbau auf etwas radikalere und an den Kanälen bearbeitete Zylinderköpfe der späteren S 1-Version gegenüber den Originalköpfen sinnvoll war. Ein Satz »Fast Road«-Nockenwellen von Screamin' Eagle ersetzte die Seriennocken. Der Serienvergaser erhielt eine Dynojet-Behandlung der Stufe 2.

Die Arbeit am Motorrad wurde von Duncan Peace durchgeführt, der auch die schräg verzahnten Getriebe-Zahnräder durch geradeverzahnte Ausführungen ersetzte. Er tat dieses in der weisen Voraussicht, dass ein späterer Besitzer vielleicht einmal mit einem Turbolader, Kompressor oder Lachgas echte Leistung erzeugen möchte...

Um sicherzustellen, dass die Buell auch spurt, hat Duncan das Handling der Maschine nicht vernachlässigt. Die Front beließ er im Originalzustand, doch hinten setzte er einen voll einstellbaren White Power-Stoßdämpfer ein. Und wenn Sie glauben, die Maschine würde aufgrund der fehlenden Lichtanlage nicht auf der Straße fahren dürfen, sollten Sie einen genauen Blick hinter die Windschutzscheibe werfen. Dort findet sich gut versteckt ein 140 mm-Scheinwerfer.

ZWEIFELLOS RADIKAL AUSSEHEND STELLT DAS BIKE ZIEMLICH GENAU DAS DAR, WAS ERIK BUELL MIT SEINEN ÜBERWÄLTIGENDEN MASCHINEN GEPLANT HAT.

Plastik-Leinwand

MOTOR:	SUZUKI GSX-R 1100, BEARBEITETER ZYLINDERKOPF, DYNOJET-KIT STUFE 3, K&N-LUFTFILTER, VERSTÄRKTE KUPPLUNGSFEDERN, COBRA-RENNAUSPUFF AUS EDELSTAHL
RAHMEN:	HOCHGLANZPOLIERT
VORN:	HOCHGLANZPOLIERTE GABEL UND BRÜCKEN, VON PIERS DOWELL LACKIERTES RAD, GOODRIDGE-BREMSLEITUNGEN
HINTEN:	VON EVESHAM STREETFIGHTERS VERSTÄRKTE SCHWINGE (IHRE ERSTE), DANN HOCHGLANZPOLIERT, VON PIERS DOWELL LACKIERTES RAD, GOODRIDGE-BREMSLEITUNGEN
ANBAUTEILE:	SERIE

PLASTIK-LEINWAND

ALS ES SCHLIESSLICH AN DER ZEIT WAR, WURDE PIERS GESAGT, ER SOLLE DIE MASCHINE SO LACKIEREN, WIE ES IHM GEFIELE, DER REST ENTSTAND ALSO IN DESSEN VERRÜCKTER UND VERDREHTER VORSTELLUNG.

GSX

Wenn ein Besitzer die Idee hat, sein Motorrad zu modifizieren, passiert es oft, dass er sich entscheiden muss, wem er sein Geld anvertraut: einem Motorentuner, einem Fahrwerksspezialisten oder einem Spritzpistolen-Künstler. Als die von David Radcliffe bei jedem Wetter gefahrene GSX-R langsam optische Alterungserscheinungen zeigte, entschied er sich, sein begrenztes Budget in die Verbesserung der Ästhetik zu stecken.

Als ihm auch noch seine Frau finanzielle Unterstützung anbot, ging David zu einem der angesehensten britischen Lackierer – Piers Dowell. Piers ist bekannt für seine grellen und detaillierten Lackier-Projekte, die er auf vielen Shows und so manchem Streetfighter vorführte. David war zunächst enttäuscht, als er auf die Verwirklichung seines Kunstwerkes sechs Monate warten sollte, bis Piers Zeit für seine Suzuki haben würde. Als es schließlich an der Zeit war, sagte er Piers, er solle die Maschine so lackieren, wie es ihm gefiele. Der Rest entstand also einzig in dessen verrückter und verdrehter Vorstellung. Und danach war David nicht mehr enttäuscht.

Da David bei jeder Modifizierung darauf achten muss, einen möglichst hohen Wert für sein Geld zu bekommen, machte er das, was jeder GSX-R-Besitzer tut, um seiner Maschine etwas mehr Leistung zu entlocken: Er investierte in einen Düsen-Satz, durchlässige Luftfilter und einen weniger restriktiven Auspuff. An Kosten kamen zunächst nur noch Edelstahl-Bremsleitungen und ein großer Topf Polierwatte hinzu, den Muskelschmalz brachte David selbst mit. Schließlich konnte er sich noch eine verstärkte Schwinge von Evesham Streetfighter Engineering leisten – es war die erste, die sie jemals bauten.

Glücklicherweise hat David bald weitere Mittel für seine GSX-R übrig. Ob er sich ein Spondon-Fahrwerk, einen Turbolader oder einen völlig überarbeiteten Motor leisten wird, weiß er noch nicht.

Langstrecken-GSX

MOTOR:	SUZUKI GSX 750 ET, NEU BEDÜSTE VERGASER, AUSPUFF AUS IKEA-TISCHBEINEN UND TL 1000 BOS-KOHLEFASER-SCHALLDÄMPFER, VERSTÄRKTE KUPPLUNGSFEDERN, LEICHT ÜBERARBEITETER ZYLINDERKOPF
RAHMEN:	SERIENMÄSSIGER GSX 750-RAHMEN, UMGEBAUT ZUR AUFNAHME EINES MONO-STOSSDÄMPFERS UND VOLLSTÄNDIG VERSTEIFT, ALLE ARBEITEN VOM BESITZER UND GJK TECHNIEK AUSGEFÜHRT
VORN:	MODIFIZIERTE ZXR 400 UPSIDE-DOWN-GABEL MIT SELBSTGEFRÄSTEN GABELBRÜCKEN, HONDA FIREBLADE-RAD UND BREMSSCHEIBE MIT YZF 750-SECHSKOLBENSÄTTELN UND SELBSTGEBAUTEN ADAPTERN, EINSTELLBARER AP-HAUPTBREMSZYLINDER, ZX 7 RR-VORDERRADKOTFLÜGEL UND ALU-STUMMELLENKER
HINTEN:	HARRIS-SCHWINGE MIT 16"-DYMAG-RAD, BREMBO-GUSSBREMSSCHEIBE MIT AP-BREMSSATTEL UND NISSIN-HAUPTBREMSZYLINDER, VON TECHNO FLEX MODIFIZIERTER YAMAHA FZR 1000-STOSSDÄMPFER, ANLENKUNG VON EINER KAWASAKI ZXR 750 R, EIGENBAU-SITZHÖHENVERSTELLUNG
ANBAUTEILE:	EXTREM LEICHTE RENNVERKLEIDUNG EINER CBR 600 MIT EINEM XL 500 R-SCHEINWERFER, SCHNELL ENTFERNBARER POLYESTER-TANK EINES SUZUKI-LANGSTRECKENRENNERS MIT FLUGZEUG-TANKVERSCHLUSS UND KEIHIN-BENZINHAHN, YAMAHA TZR 125-RENNSITZBANK
KONSTRUKTION:	KEVLAR-STURZSCHUTZ, ALU-RAHMENHECK, INTEGRIERTER KOHLEFASER-KETTENSCHUTZ/HECKKOTFLÜGEL, MODIFIZIERTE CBR 600-FUSSRASTEN, KOHLEFASER-INSTRUMENTENTRÄGER MIT FAHRRADTACHO, ALLE ARBEITEN VOM BESITZER DURCHGEFÜHRT

LANGSTRECKEN-GSX

DRAGSTERRENNEN SIND IN EUROPA ZIEMLICH BELIEBT; DIE BRITEN BEVORZUGEN GROSSE JAPANISCHE VIERZYLINDER, DIE DEUTSCHEN SETZEN AUF V-TWINS AUS MILWAUKEE, UND DIE HOLLÄNDER JAGEN ALLES ÜBER DIE STRECKE, WAS ZWEI RÄDER UND EINEN MOTOR HAT...

SUZUKI
TP Racing
NIEK ☎06-54711376

SUZUKI

Auch in Europa sind Dragsterrennen ziemlich beliebt; die Briten bevorzugen große japanische Vierzylinder, die Deutschen setzen auf V-Twins aus Milwaukee, und die Holländer, na ja, sie jagen alles über die Strecke, was zwei Räder und einen Motor hat. Die Strecken in den Niederlanden sind einfache Deichstraßen – sehr schmale Pisten neben tiefen Entwässerungsgräben, sodass nur eine Maschine zur Zeit fahren kann, und das oft auch nur über eine achtel Meile, also 200 Meter. Viele Holländer wollen aber richtige Zweier-Rennen über die ganze Viertelmeile fahren, also müssen sie (wie auch Joost Hillen, der Besitzer dieser nach Langstreckenrenner aussehenden Maschine) nach England oder Deutschland fahren.

Mit einem Radstand von 1480 mm, einem Gewicht von 179 kg (woran zumeist der Motor Schuld ist) und einer Gewichtsverteilung von 47,5% auf dem Vorderrad und 52,5% auf dem Hinterrad kann sich die Maschine mit modernen Sportboliden messen, auch die extrem leichte Yamaha R 1 wiegt 177 kg – trocken. Und die Werks-Definitionen von Trockengewicht schließen sogar das Ablassen des Gabelöls ein. Betriebsbereit wiegt die Hiller-Maschine also weniger als die Yamaha.

Der Rahmen selbst ist völlig versteift und auf die Aufnahme eines Yamaha FZR 1000-Monostoßdämpfers mit Kawasaki ZXR 750 R-Anlenkhebeln sowie einem selbstgebauten Höhenversteller vorbereitet worden. Er nimmt zudem eine Harris-Schwinge auf, die ein Dymag-Rad mit 16" Durchmesser, eine gegossene Brembo-Bremsscheibe und einen AP-Bremssattel trägt. Auch vorne findet sich ein 16"-Rad (aus einer Honda Fireblade), das unterhalb eines Kawasaki ZXR 7-RR-Kotflügels in einer ZXR 400-Telegabel sitzt, die wiederum in selbstgefrästen Gabelbrücken steckt. Gebremst wird mit Yamaha YZF 750-Sechskolbensätteln auf Fireblade-Scheiben. Auch bei den Anbauteilen wurde vom Yamaha-Rennhöcker über die CBR-Rennverkleidung bis zum Suzuki-Langstreckentank mit Flugzeug-Verschluss auf Diät geachtet. Das Alu-Rahmenheck, die Lenkerstummel aus dem gleichen Material, die Kevlar-Motordeckel und der Carbon-Schmutzfänger am Hinterrad sowie der Fahrradtacho bringen ebenfalls nicht viel Gewicht mit. Unter diesem ganzen Material findet sich ein ziemlich serienmäßiger GSX-Motor. Nur durch einen leicht überarbeiteten Zylinderkopf, neu bedüste Vergaser und einen TL 1000 Bos-Kohlefaser-Schalldämpfer wurde die Atmung etwas erleichtert. Für das Stück zwischen Sammler und Dämpfer mussten Stücke eines IKEA-Tischbeins weiterhelfen. Joost hat sich jedoch bereits einen ehemaligen GSX 1100-Rennmotor besorgt, den er durch Aufbohren auf 1327 cm³ Hubraum auf gesunde 175 PS bringen will – am Hinterrad und bei geschlossener Lachgasflasche.

OXBOW
D.I.D
ÖHLINS
DENSO
MICHELIN
Agip

Arbeiten für den Feind

MOTOR:	92ER KAWASAKI ZXR 750 R (K1), RACE TECHNIQUES-ZYLINDERKOPF, KAWASAKI RACE-KIT-NOCKENWELLEN, 39ER FLACHSCHIEBERVERGASER UND ANSAUGTRICHTER, VERSTÄRKTE KUPPLUNGSBELÄGE, EDELSTAHL-AUSPUFF MIT CARBON-DÄMPFER
RAHMEN:	92ER KAWASAKI ZXR 750 R (K1), DBR-FUSSRASTEN
VORN:	MARCHESINI SUPERBIKE MAGNESIUM-RAD, AP-RENNBREMSSCHEIBEN, AP-SECHSKOLBEN-RENNBREMSSÄTTEL, SHOWA-SUPERBIKEGABEL, MODIFIZIERTE DUCATI 916-GABELBRÜCKEN, BREMBO-HAUPTBREMSZYLINDER, SERIENMÄßIGE KAWASAKI ZXR 750 R (K1)-LENKER, ELLIOT-DREHZAHLMESSER MIT STARTKNOPF UND ZÜNDSCHLOSS IN EINEM HALTER.
HINTEN:	STARK MODIFIZIERTE HONDA NC 30-SCHWINGE, SPEZIELL ANGEFERTIGTE PEST/POLYGON-NABE, ÖHLINS-STOSSDÄMPFER, 6" MARCHESINI SUPERBIKE MAGNESIUM-RAD, BREMBO-DAUMENBREMSE, SPEZIELL VON PEST/POLYGON-ENGINEERING ANGEFERTIGTES LEICHTMETALL-KETTENRAD SAMT TRÄGER
ANBAUTEILE:	DUCATI 916-VORDERRADKOTFLÜGEL, DUCATI 916-VERKLEIDUNGSOBERTEIL, ANGEPASSTES KAWASAKI ZXR 750-VERKLEIDUNGSUNTERTEIL, TANK UND SEITENDECKEL AUS LEICHTMETALL SPEZIELL ANGEFERTIGT, DUCATI 916-HECK

ARBEITEN FÜR DEN FEIND

EINE MASCHINE, DIE ZUSCHAUER GLAUBEN MACHT, SIE WÄRE EINE DUCATI... DOCH SPÄTESTENS NACH DEM STARTEN DES MOTORS GIBT SIE DIESES VERSTECKSPIEL AUF.

Viele Fahrer möchten gerne perfekte straßentaugliche Replikas von Superbike-Rennern besitzen, ob es sich nun um eine Yamaha YZF, eine Ducati 916, eine Suzuki GSX-R oder eine Akira Yanagawa-Kawasaki handelt, auf den diese Maschine zurückzuführen ist. Eine Ex-Rennmaschine ZXR 750 RR im typischen Grün mit weißen und blauen Streifen sowie einem D&S-Auspuff und einer Kombination aus Straßen- und Rennsportteilen war aber nicht das, was sich Besitzer Roy unter dem optimalen Aussehen einer Werks-Kawasaki vorstellte. Also entwickelte er seine eigenen Ideen einer perfekten ZXR.

Zunächst zerlegte Roy die Maschine in ihre Einzelteile. Nachdem eine Honda NC 30-Einarmschwinge extrem verstärkt und modifiziert war, fand sie den Weg in den Rahmen. Dann wurde aus Aluminium eine Nabe gefräst, die das Ducati-Rad aufnehmen konnte. Nach der Montage einer 916-Sitzbank wurde die Maschine wie eine Ducati 748 in gelb lackiert.

Nach etwa sechs Monaten rollte Roy ein Satz Marchesini Superbike-Räder aus Magnesium über den Weg, schwimmende AP-Bremsscheiben waren gleich montiert. Also ging es zurück zur Werkbank. Die Hinteradnabe musste wieder überarbeitet werden, da das Marchesini-Hinterrad breiter war als das originale Ducati-Rad. Die Zeit war günstig, auch gleich den Motor zu überarbeiten. Der bearbeitete Zylinderkopf wurde mit Renn-Nockenwellen und Sportvergasern ausgerüstet, außerdem verstärkte Roy die Kupplung. Die Maschine wurde mit einem neuen Leichtmetall-Rahmenheck von Race Design, einem in der Höhe einstellbaren Stoßdämpfer sowie einstellbaren Verbindungsstangen, einer verstellbaren Schwingenlagerung, einer über den Daumen betätigten Hinterradbremse und einer einteiligen Edelstahl-Auspuffanlage samt Carbon-Dämpfer ausgerüstet. Auch die Elektrik wurde überarbeitet: Der Killschalter wanderte in die Verkleidung und links blieb nur der Lichtschalter übrig. Der Instrumententräger enthält jetzt einen elektronischen Elliot-Drehzahlmesser, einen Anlasserknopf und ein Z 650-Zündschloss. Sonst nichts. Das Gasgriffgehäuse stammt von einer Yamaha YZF 750 und bei der Telegabel handelt es sich um ein Showa-Superbikemodell. Zur Gewichtsreduzierung sind die meisten Schrauben aus Titan und ihre Köpfe wurden hohlgebohrt. Viele Halterungen und der Seitenständer sind ebenfalls aus dem edlen Leichtmetall gefertigt.

Jetzt wurde auch ein 916-Verkleidungsoberteil beschafft und die modifizierten ZXR 750-Seitenteile angepasst. Zusammen mit den Alu-Seitendeckeln und dem Rest der Anbauteile wurde alles in den Ducati-Rennfarben rot mit weißen Flächen lackiert. Heraus kam dabei eine Maschine, die Zuschauer glauben macht, sie wäre eine Ducati... Doch spätestens nach dem Starten des Motors gibt sie dieses Versteckspiel auf.

OXBOW
D.I.D.
ÖHLINS
DENSO
MICHELIN
Agip
Red Bull
SHOWA

JMC
7020

PIRELLI

F&S EXTREME PHOTOGRAPHY

Veggie Daves Dragstar

ORIGINALMASCHINE:	SUZUKI GSX1100F
MOTOR:	SUZUKI GSX 1100 F, 1216 CM^3, GSX-R-NOCKENWELLEN, ÜBERARBEITETER ZYLINDERKOPF, VERSTÄRKTE KUPPLUNG, VERSTÄRKTE ZYLINDERSTEHBOLZEN, 38ER MIKUNI-VERGASER MIT DYNOJET STUFE 3, NOS-LACHGASEINSPRITZUNG, V&H-WETTBEWERBSAUSPUFF, DYNA 2000-ZÜNDSYSTEM UND SPULEN
RAHMEN:	STEELHEART ENGINEERING »SPACE AGE«, ZWEI TANKS (EINER IN DEN OBERROHREN, DER ANDERE IM RAHMENHECK)
VORN:	SUZUKI GSX 600 F-GABEL, DREISPEICHENRAD, SCHWIMMENDE BREMSSCHEIBEN, VIERKOLBENSÄTTEL, STEELHEART-GABEL-BRÜCKEN
HINTEN:	KAWASAKI ZXR 750-RAD UND BREMSSATTEL, STEELHEART-SCHWINGE
ANBAUTEILE:	KATANA-MONOCOQUE VON CHRIS RICHARDS MOTORCYCLES, SITZBANKPOLSTER VOM BESITZER

VEGGIE DAVES DRAGSTAR

Dieses Motorrad war ursprünglich als Custombike gedacht, allerdings als eines, das sich auch so benimmt wie es aussieht. Auf der Rennstrecke sollte nach dem Umspringen der Ampel nur eine Rauchwolke und ein schwarzer Streifen übrig bleiben, und auf der Straße sollte es sowohl fantastisch aussehen aus auch absolut zuverlässig zu fahren sein. Dave Green baute es als ein Projekt für das Custombike-Magazin »Back Street Heroes« und wollte damit sowohl zum als auch beim Dragster-Rennen fahren – und zwar erfolgreich.

Der Rahmen besteht aus Stahlrohren, die sich um den aus dem Reisedampfer GSX 1100 F stammenden Motor schlingen. Die auffällige Gitterrohr-Hinterradaufhängung besteht ebenfalls aus Stahlrohr und trägt die 5,5" ZXR-Felge sowie die Gasflasche der Lachgaseinspritzung. Zwar gibt es eine Schwingenlagerung, doch dient diese nur dazu, die Fahrzeughöhe nach dem Austausch der statt Stoßdämpfer montierten Stangen schnell individuell einstellen zu können. Vorne arbeitet hingegen eine normale GSX 600-Gabel. Obwohl das Monocoque den Eindruck erweckt, gibt es keinen herkömmlichen Benzintank. In den oberen Rahmenrohren befinden sich etwa drei Liter Kraftstoff (was für 400 Meter vollkommen ausreicht). Für den

FÜR DEN STRASSENEINSATZ GIBT ES UNTER DEM SITZ EINEN DEMONTIERBAREN TANK MIT ELF LITERN INHALT.

Straßeneinsatz gibt es unter dem Sitz einen demontierbaren Tank mit elf Litern Inhalt. Der GSX-Motor wurde mit Wiseco-Kolben auf 1216 cm^3 Hubraum gebracht und mit einem überarbeiteten Zylinderkopf bestückt, in dem sich GSX-R-Nockenwellen drehen. Damit dieser an seinem Platz bleibt, wurden verstärkte Stehbolzen eingesetzt. Die Kraft überträgt eine verstärkte Kupplung und für eine gute Verbrennung sorgen eine Dyna-Zündung sowie eine NOS-Lachgaseinspritzung, die in den Dynojet-behandelten 38er Mikuni-Vergasern zugeführt wird. Was von der Verbrennung übrig bleibt, wird von einer Vance & Hines-Auspuffanlage entsorgt. Rahmen, Schwinge und Räder sind blau emailliert, die Kunststoffteile von Lackierer Geoff Ridgeway blau marmoriert. Danach standen nur noch Feineinstellungen an.

Nicht alles lief nach Plan, und anstatt die Viertelmeile in einer Zeit von zehn oder wenigstens elf Sekunden abzureißen, dauerte es beim ersten Versuch ewige 13,49 Sekunden. Doch nach der Montage von Flachschiebervergasern stand beim nächsten Rennen schon eine zehn vorne – wenn auch mit den folgenden »Komma neun neun« zunächst ziemlich knapp. Aber auch das wird bald besser.

WAYNES

Waynes Wunder

MARKE UND MODELL:	1991 SUZUKI GSX-R1100
MOTOR:	VON ROGER UPPERTON ÜBERARBEITETER ZYLINDERKOPF, EDELSTAHL-ÜBERMASSVENTILE, PRÄZISIONS-VENTILFEDERN, 1216 CM³ MIT JE-KOLBEN, VERDICHTUNGSVERHÄLTNIS 13,5 : 1, VERSTÄRKTE STEUERKETTE, MIKUNI RS 38-FLACHSCHIEBER-VERGASER, CARILLO-PLEUEL, MRE-KUPPLUNG, VANCE & HINES PROPIPE, LACHGASEINSPRITZUNG, ORIENT EXPRESS-ZYLINDERSTEHBOLZEN UND MUTTERN, DYNA 2000-ZÜNDUNG, EXTRA BREITER HEL-ÖLKÜHLER
RAHMEN:	SERIE, POLIERTE UND VERCHROMTE FUSSRASTEN, SPRINT-LENKUNGSDÄMPFER
VORNE:	UM 30 MM VON MAXTON GEKÜRZTE ORIGINAL-GABEL, M1R-GABELFEDERN, SERIEN-RAD (POLIERT), SCHWIMMENDE SPONDON-BREMSSCHEIBEN, MINI-SECHSKOLBENSATTEL
HINTEN:	VERSTEIFTE 9" JMC-SCHWINGE, 10 CM-EINSTELLER, SERIEN-STOSSDÄMPFER VON MAXTON MODIFIZIERT UND 75% STEIFER, SERIEN-RAD, SPEZIELL ANGEFERTIGTER BREMSANKER MIT INTEGRIERTER BREMSLEITUNG
ELEKTRIK:	DYNA 2000-ZÜNDUNG, SCHALTZEITPUNKT-WARNLAMPE UND ZÜNDSPULEN, INDUKTIVER SCITSU-DREHZAHLMESSER, MRE-LUFTSCHIEBER, ZWEI BATTERIEN
LACKIERUNG:	MARK REYNOLDS VON TRIC TRAX, BASIEREND AUF DEM STANDARD-DESIGN DER SUZUKI 1100 N

WAYNES NiCHT GERADE KLEiNES WUNDER

SUZUKI
608
1100
JMC

Waynes Leidenschaft für Dragster-Rennen begann 1989, als er Rennmechaniker war. Doch bevor er Rennen fahren konnte, wurde er auf der Straße in einen schweren Unfall verwickelt, nach dem viele dachten, er würde wohl nie wieder richtig laufen können. Doch dank seiner Entschlossenheit begann er bald wieder zu gehen und danach auch mit dem Motorradfahren – und gewann prompt im ersten Jahr die Streetfighter-Dragster-Meisterschaft auf einer sehr seriennahen Maschine. Bei diesem unerwartet erfolgreichen Debüt musste er natürlich weitermachen – selbstverständlich mit einem verbesserten Motorrad.

Im Winter 1997/98 widmete er sich der Überholung seiner Maschine, er machte sie flacher, länger und mit sinnvollen Motorarbeiten sowie einer Lachgaseinspritzung auch stärker. Sein Tuner Roger Upperton nahm sich die Zeit, den Zylinderkopf strömungsgünstig zu optimieren und Edelstahlventile samt Präzisions-Ventilfedern zu montieren. Nach dem für die 81 mm-JE-Kolben nötigen Aufbohren stieg das Verdichtungsverhältnis auf 13,5 : 1.

Der Rest des Motors ist ähnlich durchdacht: Eine verstärkte Steuerkette, Mikuni RS 38-Flachschiebervergaser mit 50 mm-Ansaugglocken und einem Yoshimura-Hitzeschild, Carillo-Pleuel, eine MRE-Kupplung, ein Vance & Hines Propipe-Auspuff, bearbeitete Getriebezahnrädern und die erwähnte Lachgaseinspritzung. Die Nockenwellen und die Kurbelwelle genügten Waynes Ansprüchen bislang, doch wenn er die Acht-Sekunden-Schallmauer durchbrechen will, muss er auch hier etwas unternehmen.

Da die Lichtmaschine entfernt wurde, waren zwei Batterien nötig – eine für die Zündung und die andere zum Betreiben des Nitro-Systems. Zusammengehalten von Orient Express-Zylinderstehbolzen und Muttern und gekühlt von einem extra breiten HEL-Ölkühler, konnte die Dyna 2000-Zündung die nötigen Funken erzeugen, welche die große Suzuki auf ziemlich beeindruckende 165 PS bringen – ohne Lachgas, dieses bringt weitere 60 Pferdestärken.

Mit dem zurückversetzten Motor und der um 23 cm längeren JMC-Schwinge, einer gekürzten Gabel und verlängerten und überlackierten Anbauteilen ging die Maschine in die 1999er Saison und brachte es unter Wayne auf eine Bestzeit von 9,60 Sekunden. Damit gewann er die Streetfighter-Dragster-Meisterschaft erneut.

DIE MASCHINE WURDE ERNEUT IN DER 1999ER SAISON EINGESETZT, DORT BRACHTE SIE ES UNTER WAYNE AUF EINE BESTZEIT VON 9,60 SEKUNDEN. DAMIT GEWANN ER ERNEUT DIE STREETFIGHTER-DRAGSTER-MEISTERSCHAFT.

TURBO ZED

Turbo Zed

MOTOR: KAWASAKI Z 900 A4, CAMMOTION TURBO/NITRO-NOCKENWELLEN, ÜBERMASSVENTILE, VERSTÄRKTE ORIENT EXPRESS-VENTILFEDERN, BRONZE-VENTILFÜHRUNGEN, WISECO GORILLA 1400 CM³-MOTORBLOCK, GESCHWEISSTE, VERSTIFTETE UND GEWUCHTETE KURBELWELLE, VERSTÄRKTE MRE-KUPPLUNG, MODIFIZIERTE KOSMANAUSGANGSWELLENLAGER-ABSTÜTZUNG, RAJAY TURBOLADER, MR. TURBO-ABGASROHRE, S&S-VERGASER, DYNA 4000-ZÜNDUNG

RAHMEN: SPONDON »BIG TUBE ZED«-DRAGSTERRAHMEN, ÜBERARBEITETER LENKKOPFWINKEL, EINSTELLBARE SITZHÖHE, SPONDON-FUSSRASTEN, CANTILEVER-MONOSTOSSDÄMPFER, EIGENBAU-SEITENSTÄNDER

VORNE: KAWASAKI Z 900-INSTRUMENTE, GRIFFE UND SCHALTER, VERSTELLBARE SPONDON-GABELBRÜCKEN, GEFRÄSTE LENKERHALTER MIT INTEGRIERTER LADEDRUCKANZEIGE, SPONDON-WERFERHALTER, KAWASAKI ZXR 750-GABEL, RAD- UND HAUPTBREMSZYLINDER, HARRISON-SECHSKOLBEN-BREMSSATTEL, GOODRIDGE-BREMSLEITUNGEN

HINTEN: SPONDON DOPPELROHR DRAGSTER-SCHWINGE MIT 150 MM-EINSTELLBEREICH, ÖHLINS-STOSSDÄMPFER MIT EXTERNEM AUSGLEICHSBEHÄLTER, KAWASAKI ZX-7R-RAD, 200ER PIRELLI-REIFEN, BREMBO-HAUPTBREMSZYLINDER, KAWASAKI ZXR-BREMSSATTEL, GOODRIDGE-BREMSLEITUNGEN

ANBAUTEILE: KAWASAKI ZXR 750-VORDERRADKOTFLÜGEL, Z 900-TANK MIT FLUGZEUG-TANKVERSCHLUSS, Z 900 STECK-SEITENDECKEL, MODIFIZIERTES Z 900-HECK MIT VERSTECKTEM RÜCKLICHT, EDDIE LAWSON-SITZBANK ÜBER LADEDRUCK- UND LACHGAS-REGLERN

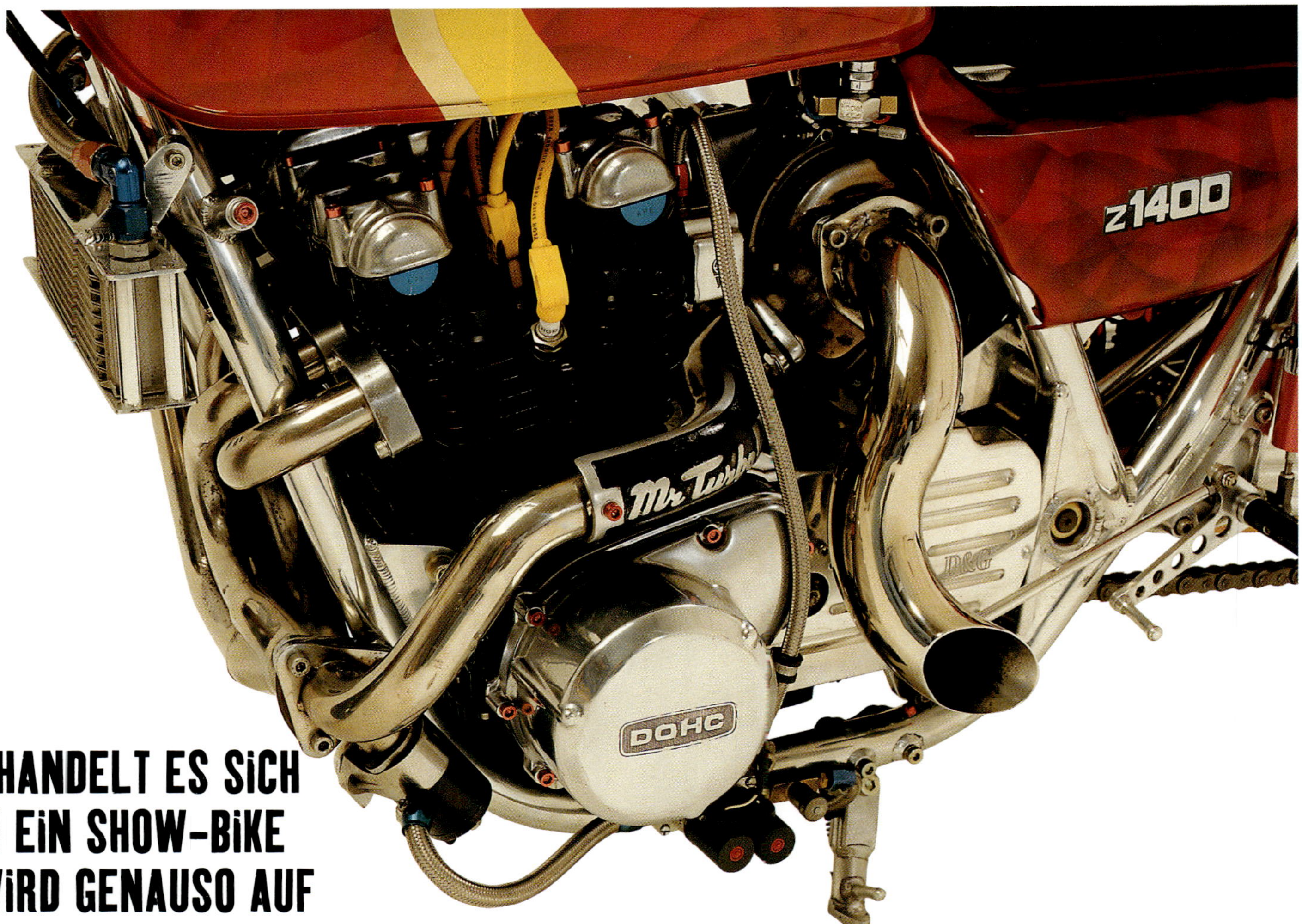

TATSÄCHLICH HANDELT ES SICH NICHT NUR UM EIN SHOW-BIKE – DAS DING WIRD GENAUSO AUF DER VIERTELMEILE WIE IM STRASSENVERKEHR EINGESETZT.

Wenn man Erbauern echter Streetfighter eines nachsagen kann, ist es, dass sie Dinge nicht nur halb erledigen. Sean Mills, Erbauer dieser Spondon Turbo-Z und Eigentümer von Big CC Racing, ist einer dieser Männer. Beachten Sie nur die Daten dieses Motors, und sie sehen, was gemeint ist.

Das Herz dieser Maschine bildet der Wiseco Gorilla-Motorblock, der mit seinen Turbo-Kolben 1400 cm^3 verdrängt, oben drauf sitzt ein im Bereich der Kanäle und Brennräume bearbeiteter und mit Doppelzündung versehener Kawasaki Z 900 A4-Zylinderkopf, in dem Cammotion Turbo/Nitro-Nockenwellen über APE Titan-Tassenstößel und verstärkte Orient Express-Ventilfedern um 1,5 mm vergrößerte REC-Edelstahlventile und ebensolche Auslassventile mit 1 mm Übermaß öffnen. Die Ventile gleiten in Bronze-Führungen und die Nockenwellen werden von einer auf Orient Express-Ritzeln laufenden Tsubaki-Steuerkette samt eines von APE gefrästen manuellen Kettenspanners angetrieben.

Der Block ist für die großen Zylinderbuchsen aufgefräst, darin dreht sich eine geschweißte, verstiftete und gewuchtete Kurbelwelle, und das ganze wird mit verstärkten APE-Zylinderstehbolzen und Gehäuseschrauben zusammen gehalten. Die verstärkte MRE-Kupplung überträgt die Kraft auf das mit einem von Orient Express gefrästen 2-Gang-Rad-Paar versehene Getriebe. Die modifizierte Kosman-Lagerabstützung sorgt zusammen mit dem versetzten 630er Ritzel und der Izumi-Dragsterkette für eine zuverlässige Kraftübertragung zum Hinterrad.

Die Energiezufuhr übernehmen ein Rayjet-Turbolader mit für den Nitro-Einsatz vorbereiteter Federplatte, Mr. Turbo-Abgasrohre und ein S&S Shorty-Vergaser samt gefrästem Ansaugtrichter sowie einem Adapter für die Lachgaseinspritzung, eine progressive Hahn Racecraft-Ladedruckkontrolle mit Magnetschaltern und eine TMC-Hochleistungsbenzinpumpe. Für die korrekte Verbrennung sorgt eine Dyna 4000 Dragster-Zündanlage, die mit einem zweistufigen Verstellmechanismus durch einen Dyna-Ladedruckschalter und den Nitro-Auslöser geregelt wird. Zur Verminderung von Frühzündungen gibt es ein Big CC Racing-Wasser/Methanolsystem und für den Temperaturhaushalt ist ein Goodridge-Ölkühler zuständig. Die Lachgaseinspritzung wird von einem progressiven Schnitz-Regler gesteuert, der entsprechend des eingelegten Gangs genau regelt, wieviel Nitro-Oxid zugeführt wird. Tatsächlich sollen sich auch noch einige Kawasaki-Teile im Motor befinden, es können aber nicht sehr viele sein.

Das Fahrgestell beschaffte sich Sean größtenteils bei Spondon Engineering im englischen Derbyshire, die für den »Big Tube«-Rahmen, die einstellbaren Gabelbrücken, die Dragster-Schwinge (komplett mit integrierter Motorentlüftung und Wassereinspritzungs-Tanks) sowie viele andere kleine aber wichtige Teile verantwortlich sind. Der Rahmen, welcher in dieser Ausführung erst der zweite jemals hergestellte ist, wurde für mehr Stabilität vorne gereckt und hinten für einen speziell angefertigten Cantilever-Monostoßdämpfer umgebaut. Dies alles sorgt dafür, dass mehr Kraft vom 200er Hinterreifen auf die Straße übertragen wird, wenn Sean die Z über die Viertelmeile beschleunigt. Tatsächlich handelt es sich nämlich nicht nur um ein Show-Bike – das Ding wird genauso auf der Viertelmeile wie im Straßenverkehr eingesetzt.

WISECO
M·R·E
DOHC

HARLEY-DAVIDSON

Paddys Harley Hillclimber

MOTOR:	1232 CM³, KURZHUB, FEULING-VIERVENTIL-ZYLINDERKÖPFE, MODIFIZIERTE S&S-KURBELWELLE UND DELKRON-MOTORGEHÄUSE, ÄUSSERST STABILE S&S-PLEUEL, 90 MM COSWORTH FORMEL 1-AUTOKOLBEN, GEKÜRZTE UND GEBOHRTE ZYLINDER MIT BERYLLIUM-RINGEN (KEINE KOPFDICHTUNGEN), ZWEI WEBER IDF 40 MM DOPPELVERGASER, SPEZIELL ANGEFERTIGTE ANSAUGSTUTZEN, INTERSPAN-RENNZÜNDUNG (OHNE EXTERNE ENERGIEQUELLE)
ANTRIEB:	QUAIFE-VIERGANGGETRIEBE, BOB NEWBY-ZAHNRIEMEN-PRIMÄRTRIEB
RAHMEN:	SPEZIELLER ALUMINIUM 7020-PROFILRAHMEN VON WELBRO ENGINEERING
VORNE:	KAYABA GRAND PRIX UPSIDE-DOWN-GABEL, KAYABA GRAND PRIX TITAN-RAD
HINTEN:	CANTILEVER-SCHWINGE MIT STARK MODIFIZIERTER SUZUKI GSX 1100-FEDERUNG, KAYABA GRAND PRIX TITAN-RAD, MARCHESINI MAGNESIUM-BREMSEN, AP RACING-BREMSSÄTTEL, BREMSSCHEIBEN AUS CARBON ODER STAHL
REIFEN:	MICHELIN GRAND PRIX REGENREIFEN ODER SLICKS, 130 X 17" VORNE, 180 X 17" HINTEN

PADDYS HARLEY HILLCLIMBER

LASSEN SIE ES UNS KLAR SAGEN: EIN 4,5 LITER-TANK UND EIN VERBRAUCH VON 50 LITERN AUF 100 KM IST NICHT DAS PRODUKT EINES RATIONAL DENKENDEN GEHIRNS...

marchesini

Diese Maschine wurde von einem der wenigen ausreichend erfahrenen, fähigen und engagierten Konstrukteure in England gebaut, die in der Lage sind, eine solch einzigartige und effiziente Maschine herzustellen. Paddy Hook ist der Mann, und seine Referenzen auf dem Feld des Herausholens des letzten Quäntchens Leistung aus einem Verbrennungsmotor sind tadellos, schließlich hat er sie sich zum Teil in den Entwicklungsabteilungen von Formel-Eins-Teams erarbeitet.

Soweit es seine Erfahrungen auf dem Zweiradsektor betrifft, hat Paddy in den späten Siebzigern mit einer »sehr scheußlichen« 550er Suzuki begonnen, die später von einer 750er Norton Commando abgelöst wurde, bevor sein erster echter Eigenbau, eine Rickman Kawasaki mit 1015 cm^3 Hubraum, einem Gewicht von 178 kg und 130 PS entstand – zehn Jahre vor Hondas Fireblade. Und wie schon seine vorherigen Maschinen hatte auch die Rickman eine Doppelrolle als Renn- und Straßenmaschine auszufüllen. Und während er seine Maschine im Einsatz hatte, fand Paddy es an der Zeit, eine Custom-Honda CBX zu kreieren, die damals jeden beeindruckte – selbst die Justiz. Da man allerdings auf keiner Show eine richtige Kategorie für die Maschine fand, erhielt Paddy zumeist den Preis für die beste Konstruktion.

In seinem Herzen ein Konstrukteur und Rennfahrer, kein Custombike-Bauer, richtete sich seine Aufmerksamkeit bald wieder auf den Wettbewerb. Paddy wusste, wie sein nächstes Motorrad sein sollte: Schmal (also musste es weniger als drei Zylinder haben), hubraumstark (1000 cm^3 und mehr) und leicht. Ein V-Twin sollte es auch sein – auf schlechtem Untergrund sichert die ungleichmäßige Zündfolge die Traktion. Es blieben drei Auswahlmöglichkeiten: Eine Weslake (selten und schwer zu verbessern), eine Ducati (deren liegender Zylinder steht einem für agile Hillclimber notwendigen kurzen Radstand im Wege) oder ... eine Harley – blöde Idee, zu langsam, zu schwer – aber trotzdem sowohl beim Dirt Track als auch beim Dragsterrennen immer vorne weg.

Aus keinem anderen Grund als reiner Quälerei ging Paddy den Harley-Weg, und so begann eine Serie verschiedener Versionen von Evolution-Big-Twin-Maschinen, die bald so gut waren, sodass er bei seiner Arbeit genau beobachtet wurde.

Die jüngste Wiedergeburt ist hier gezeigt. Paddy sagt dazu: »Welcher vernünftige Mensch würde ein Motorrad aus Titan, Magnesium und Kohlefaser bauen und dazu Komponenten verwenden, die den Wert eines Einfamilienhauses haben, um damit Berge hochzuklettern? Lassen Sie es mich klar sagen: Ein 4,5 Liter-Tank und ein Verbrauch von 50 Litern auf 100 km ist nicht das Produkt eines rational denkenden Gehirns, oder? Aber wissen Sie was? Es ist mir egal!«

SUZUKI

Gixer Zed

MOTOR:	SUZUKI GSX-R 1100 M, 1216ER WISECO-KOLBEN, ÜBERARBEITETER UND STRÖMUNGSOPTIMIERTER ZYLINDERKOPF, ÜBERMASS-VENTILE, CAMMOTION-NOCKENWELLEN, ORIENT EXPRESS-NOCKENWELLENRITZEL, KEIHIN FCR 39-VERGASER, VANCE & HINES SS2R-AUSPUFF, DYNA 2000-ZÜNDUNG, NOS-LACHGASEINSPRITZUNG, SPEZIELL ANGEFERTIGTE AUSGANGSWELLENLAGERUNG
RAHMEN:	KAWASAKI Z 1 R, AN LENKKOPF UND SCHWINGENLAGERUNG VERSTÄRKT, FÜR BREITE SCHWINGE ERWEITERT
VORNE:	YAMAHA FZR 1000-RAD, BREMSSCHEIBEN, GABEL UND BRÜCKEN, HARRISON BILLET-6-BREMSSÄTTEL, HONDA VFR 750-HAUPTBREMSZYLINDER, SUZUKI BANDIT-INSTRUMENTE
HINTEN:	VERBREITERTE KAWASAKI ZXR 750-SCHWINGE, BREMSSCHEIBE, BREMSSATTEL, STOSSDÄMPFER UND EINSTELLBARE SITZHÖHENVERSTELLUNG, ZX-7R-RAD (6")
ANBAUTEILE:	KAWASAKI Z 900, MODIFIZIERTE SITZBANK

GIXER ZED

DER FÜR NEUNZIG PS AUSGELEGTE RAHMEN MUSS JETZT ZWEIHUNDERT PFERDE IM ZAUM HALTEN.

Wenn es um die Ikonenverehrung geht, ist die populärste Maschine der Streetfighter-Welt wahrscheinlich die Kawasaki Z 1. So weit es um die Anbetung der schieren Leistung geht, versammeln sich alle Fighter-Fans um den Öl/Luft-gekühlten »Feinripp«-Motor der Suzuki GSX-R 1100. In der Theorie müsste also die allerbeliebteste Maschine eine Z mit einem GSX-R-Motor sein. Doch das ist leichter gesagt als getan.

Diese spezielle Gixer-Z wurde von Sean Mills, dem Besitzer der Firma Big CC Racing, hauptsächlich als Straßenmaschine gebaut, die aber auch auf der Viertelmeile einer Dragster-Strecke eher für gute Zeiten als für bewundernde Blicke sorgen sollte. Es führte also kein Weg an einer ordentlichen Bearbeitung des Suzuki-Aggregats vorbei. Zunächst wurden die Zylinder von 1127 auf 1216 cm³ vergrößert und mit Wiseco-Kolben ausgerüstet. Im Zylinderkopf wurden die Kanäle überarbeitet und 1,5 mm größere Einlass- sowie 1 mm größere Auslassventile aus Edelstahl eingesetzt. Die Nockenwellen lieferte Cammotion, und deren Antrieb besorgten einstellbare Ritzel von Orient Express, sodass ein guter Durchzug aus niedrigen Drehzahlen gewährleistet wurde. Dazu wählte Sean eine Dyna 2000-Zündung, Keihin FCR 39-Flachschiebervergaser und einen Vance & Hines SS2R-Auspuff. Die Kraftübertragung erfolgt über eine serienmäßigen Suzuki-Kupplung mit verstärkten Federn sowie eine speziell angefertigte äußere Ausgangswellenlagerung sicher bis zum Hinterrad. Und als ob die dort versammelten 130 PS noch nicht reichen würden, können nach dem Öffnen der kleinen Lachgasflasche am Rahmenheck weitere 60 Pferdchen mitgaloppieren.

Der für 90 PS ausgelegte Rahmen musste jetzt also knapp 200 Pferde im Zaum halten, dafür bedurfte es einiger Arbeit: Die Schwingenlagerung wurde verbreitert, um die länger gemachte ZXR 750-Schwinge aufnehmen zu können, außerdem wurde sie wie auch der Lenkkopf entsprechend verstärkt. Und weil das Schweißgerät gerade in Betrieb war, wurden auch gleich die Halterungen der Anbauteile so geändert, dass die originalen (und hübscheren) Z 1 B-Anbauteile den eckigen Tank und die ebenfalls kantig geformten Heck- und Seitenteile ersetzen konnten. Das Hinterrad stammt aus einer ZX-7R und ermöglicht mit seiner Felgenbreite von 6 Zoll die Montage von 200er Reifen. Von der gleichen Maschine stammt auch die Bremse und der Stoßdämpfer, während an der Maschinenfront weitgehend Yamaha FZR 1000-Teile ihren Dienst verrichten – nur die Sechskolben-Bremssättel stammen von Harrison.

Jump Jet
Fanny
AND HER
HAWKER-SIDDELEY
TWAT
ROGER
MELLIE
THE MAN ON
THE TELLY
BIG VERN
BUSTER
GONAD
& HIS UNFEASIBLY
LARGE
TERRY
FUCKWITT
VIZ

DIE SCHNELLSTE RD DER WELT

Die schnellste RD der Welt

MARKE UND MODELL:	YAMAHA RD400E
MOTOR:	YAMAHA RD 400 E-KÖPFE MIT NEUEN BRENNRÄUMEN, ÜBERARBEITETE SPÜLKANÄLE IN 425 CM^3-ZYLINDERN, BEARBEITETE YAMAHA DT 175-KOLBEN, 38ER FBG LECTRON-VERGASER, SPEC-PIPE-AUSPUFF, GESCHWEISSTE RD 400-KURBELWELLE, BEARBEITETES MOTORGEHÄUSE, GEFRÄSTE KUPPLUNG IN SPEZIELL ANGEFERTIGTEM GEHÄUSE, SECHSGANGGETRIEBE
RAHMEN:	KOSMAN PRO-STOCK REPLIKA VON COLL RULE MIT 2,5 CM BODENFREIHEIT, EINSTELLBARER RADSTAND
VORNE:	GEKÜRZTE UND ERLEICHTERTE KAWASAKI AR 50-GABEL, GEFRÄSTE GABELBRÜCKEN VON COLL RULE, ERLEICHTERTES RG 125-RAD, RG 125-BREMSSCHEIBE, GRIMECA-GEGENKOLBENSATTEL, AR 50-HAUPTBREMSZYLINDER, MRE-LUFTDRUCKANZEIGE
HINTEN:	GEDREHTE 6,5" X 18" AMERICAN CCR-FELGE MIT GEFRÄSTER NABE UND BREMSSCHEIBE, GRIMECA-BREMSSATTEL
ANBAUTEILE:	JADE RACING-CARBON-VORDERRADKOTFLÜGEL, 1-LITER-ALUTANK, SPEZIELL ANGEFERTIGTE CARBON-VERKLEIDUNG AUF TZR-BASIS
ELEKTRIK:	DYNA S-ZÜNDUNG, ZWEISTUFIGER DREHZAHLBEGRENZER, KILLSCHALTER MIT ABREISSBAND, WARNLAMPE FÜR LETZTEN GANG

LEISTUNG IST NICHT ALLES – ZU VIEL GEWICHT, UND MAN WIRD NIEMALS SCHNELL. ALSO IST DER RAHMEN ABSOLUT MINIMAL.

Viele Leute halten es für unglaubwürdig, dass ein Motorrad mit gerade einmal 425 cm^3 Hubraum einen Weltrekord hält. Oder dass ein Dragster-Rekord von einem Nicht-Amerikaner gehalten werden kann – und das auch noch mit einem Motorrad, welches nicht in den USA gebaut wurde. Ja, diese kleine Yamaha stammt aus Großbritannien, genau wie ihr Fahrer Jerry Collier, und zusammen halten sie den offiziellen Titel für das schnellste Zweitaktmotorrad der Welt. Gewonnen haben sie ihn am 30. August 1998 im Avon-Park in Warwickshire, als Jerry nach 9,671 Sekunden mit 215 km/h die Ziellinie überfuhr – ohne Lachgaseinspritzung oder Turbolader.

Der Motor begann seine Laufbahn als RD 400-Aggregat und wurde nach dem Überarbeiten der Zylinder und Brennräume mit DT 175-Kolben ausgerüstet. Im ebenfalls bearbeiteten Motorgehäuse dreht sich eine geschweißte RD 400-Kurbelwelle und der Motor atmet durch Kawasaki-Membraneinlass-Boxen mit jeweils sechs Kohlefaserblättern. Davor sitzt ein Paar 38er Lectron-Flachschiebervergaser. Die sehr lauten Expansionskammern sind speziell von Spec Pipes angefertigt worden, zur Erhöhung der Leistung und zum Schutz der Anbauteile sind sie mit Asbestband umwickelt. Die Kraftübertragung erfolgt über ein einzigartiges Sechsganggetriebe, das aus RD-, TZ- und speziell angefertigten Teilen besteht und nur drei Schaltgabeln anstatt der sonst üblichen vier enthält. Die gefräste Kupplung ist auf drei Weisen einstellbar, um das Eingreifen beim Beschleunigen und beim Schalten anzupassen. Übrigens muss sie 92 PS (am Hinterrad) verkraften.

Leistung ist nicht alles – zu viel Gewicht, und man wird niemals schnell. Also ist der Rahmen absolut minimal. Ein Kosman Pro-Stock Replika-Rahmen mit gekürzter und erleichterter Kawasaki AR 50-Gabel, gefräste Gabelbrücken, ein erleichtertes RG 125-Vorderrad, eine gedrehte 6,5" x 18" American CCR-Felge hinten sowie Grimeca-Bremssättel, Kohlefaser-Verkleidungsteile und als einziges Instrument eine MRE-Luftdruckanzeige halten das Gewicht so niedrig wie möglich

Aber der Rekord reichte noch nicht. Jade Racing (Jerry und seine Frau Sharron) entwickelt die Maschine immer weiter. Denn schließlich soll der kleine Zweitakter auch mal die Acht-Sekunden-Grenze durchbrechen.

PIRELLI MTR02

DiE SUPERMOTARD-FiGHTER

Criags KX 500 (links)

MOTOR:	VOLLSTÄNDIG ÜBERARBEITET, BOYESEN-MEMBRANEINLASS, ZWEI CARBON-SCHALLDÄMPFER
RAHMEN:	EIGENBAU-RAHMENHECK FÜR SOZIUS-FUSSRASTEN
VORNE:	TZR 250-RAD, HARRISON-BREMSSATTEL
HINTEN:	TZR 250-RAD UND BREMSSCHEIBE
ANBAUTEILE:	GESTUTZTER VORDERRADKOTFLÜGEL, ACERBIS-HINTERRADKOTFLÜGEL

Toms CR 500 (Mitte)

MOTOR:	504 CM³, WISECO-KOLBEN UND RINGE, BOYESEN-MEMBRANEINLASS, GESCHLIFFENER UND POLIERTER KOPF, DOPPELTE FUSSDICHTUNG, CARBON-KUPPLUNGSBELÄGE, PRO-CIRCUIT-AUSPUFF MIT ZWEI CARBON-SCHALLDÄMPFERN
RAHMEN:	STANDARD
VORNE:	NEU ABGESTIMMTE GABEL, 300ER PFM-BREMSSCHEIBE, HARRISON-BREMSSATTEL, 17" X 3,5"-FELGE
HINTEN:	17" X 4,5"-FELGE
ANBAUTEILE:	YAMAHA TZR 250 VORDERRADKOTFLÜGEL, GESTUTZTER HINTERRADKOTFLÜGEL

Micks KX 500 (rechts)

MOTOR:	WISECO-KOLBEN, DOPPEL-LUFTFILTER, BOYESEN-MEMBRANEINLASS
RAHMEN:	STANDARD
VORNE:	90ER SUZUKI RM-GABEL, ÜBERARBEITETE BRÜCKEN, YAMAHA TZR 250-RAD UND BREMSSCHEIBE, HONDA ZWEIKOLBEN-BREMSSATTEL
HINTEN:	WP-STOSSDÄMPFER, TZR 250-RAD UND BREMSSCHEIBE
ANBAUTEILE:	MXA-SITZBANK, ACERBIS-HINTERRADKOTFLÜGEL

SUPERMOTARD-TRIO

DIESE DREI SUPERMOTARDS SIND PERFEKTE BEISPIELE IHRER ART.

Kawasaki
KAWASAKI

Diese drei Supermotards sind perfekte Beispiele ihrer Art, sie mischen und verbinden die besten Komponenten der Originalausrüstung mit ausgesuchten Zubehör-Accessoires, um die beste Kombination aus Leistung, Gewicht und Steigfähigkeit zu erzielen.

Toms Honda CR 500 (die Weiße mit dem lila Rahmen) stammt bereits aus dem Jahre 1990, hat aber den wahrscheinlich am stärksten modifizierten Motor. Er ist auf von 491 auf 504 cm^3 aufgebohrt und mit einem Wiseco-Kolben sowie Boyesen-Zungenventilen bestückt worden. Seine Zuverlässigkeit zeigt sich bereits darin, dass er immer spätestens auf den zweiten Tritt anspringt. Sein zu Beginn bläuliches Abgas entlässt er durch einen verchromten Pro-Circuit-Auspuff mit zwei Kohlefaser-Schalldämpfern. Alle Wasserschläuche sind mit Edelstahl umflochten und die Anschlüsse bestehen aus Alu oder Edelstahl.

Wie bei den meisten Supermotards ist der Rahmen Serie – so wie er die Fabrik verlässt, ist er ausreichend geeignet, allerdings musste die Showa-Gabel in der Dämpfung überarbeitet und mit dünnerem Öl befüllt werden. Die Honda-Bremse wurde durch eine 300 mm PFM-Scheibe und einen gefrästen Harrison-Sechskolbensattel ersetzt. Die Original-Nabe ist durch Edelstahlspeichen mit der 17" x 3,5"-Felge verbunden. Natürlich ist eine Stahlflex-Bremsleitung montiert. Bei seinen Wheelies hält sich Tom an einem Renthal-Lenker fest und hat nur noch den Sammy Miller-Tachometer vor sich.

Hinten stützt ein modifizierter Serienstoßdämpfer über polierte Anlenkhebel die ebenfalls auf Hochglanz gebrachte Schwinge ab. Die Hinterrad-Nabe und -Bremse sind original, nur ist hier eine 4,5 Zoll breite 17"-Felge eingespeicht.

Da die Idee eines Supermotards die eines »Motocrossers für die Straße« ist, reichte bei den Anbauteilen auch die Montage eines TZR 250-Vorderradkotflügels und geringfügiges Zurechtstutzen des Hecks.

Micks KX 500 – die Kawasaki mit den blauen Rädern – ist eine 1996er Version mit Wiseco-Kolben, Doppel-Luftfilter, Boyesen-Zungenventilen und verchromtem

Auspuff. Nicht viel, könnte man denken. Aber wer jemals einen hubraumstarken Motocrosser auf der Straße gefahren hat, weiß, dass auch wesentlich stärkere Straßensportler nur auf ganz langen Geraden vorbeiziehen können.

Wieder ist der Rahmen serienmäßig, doch die Originalgabel wurde durch eine Suzuki RM-Upside-Down-Gabel mit TZR 250-Dreispeichenrad ersetzt, hinten dreht sich das entsprechende Gegenstück. Vorne wird eine 320er Bremsscheibe von einer gold eloxierten Honda Zweikolbenzange verzögert. Die hintere TZR-Scheibe wird vom originalen ZX-Bremssattel in Schach gehalten. Die Schwinge ist ebenso Serie und der Stoßdämpfer von White Power. Außer der MXA-Sitzbank und dem Acerbis-Heck sind alle Anbauteile inklusive der grünen Lackierung original.

Es bleibt die KX von Criag – die mit den grünen Rädern. Ihr 500er Motor ist mit neuen Kolben und Ringen sowie polierten Boyesen-Zungenventilen komplett neu aufgebaut worden. Den Vergaser hat Criag poliert, damit er zum ebenfalls auf Hochglanz gebrachten Auspuff mit seinen beiden Kohlefaser-Schalldämpfern passt. Sämtliche Schläuche sind edelstahlummantelt.

Ungewöhnlicherweise wurde der Rahmen dieser KX verändert, denn Criag wollte gerne jemanden mitnehmen können, und so musste das Heck soziustauglich gemacht werden.

Ansonsten finden sich wieder TZR 250-Räder und Bremsscheiben. Vorne verzögert ein Harrison-Sechskolbensattel, hinten das KX-Serienteil.

Revenge DTR

MOTOR:	RD 350 YPVS MIT K&N-FILTERN UND NEU BEDÜSTEN VERGASERN UND WETTBEWERBS-MEMBRANEINLÄSSEN, SERIENMÄSSIGER RD-AUSPUFF MIT NEUEN HALTERUNGEN
RAHMEN:	91ER DTR MIT SPEZIELL ANGEFERTIGTEN UNTERZÜGEN, NEUEN MOTORHALTERUNGEN UND VERSTEIFUNGEN
VORNE:	IN DER DÄMPFUNG GEÄNDERTE DTR-GABEL MIT DICKEM GABELÖL, VERLÄNGERTE FEDERVORSPANNER, TDR 250-NABE, EDELSTAHLSPEICHEN, AKRONT-FELGE, FZR 1000-BREMSSCHEIBE UND VIERKOLBEN-BREMSSATTEL, RENTHAL-MOTOCROSS-LENKER
HINTEN:	VERCHROMTE DTR-SCHWINGE, RM 250-STOSSDÄMPFER MIT DTR-FEDER UND DISTANZSTÜCK (EINSTELLBAR), DTR-NABE, EDELSTAHLSPEICHEN, AKRONT-FELGE, DTR-BREMSE
ANBAUTEILE:	SERIE DTR, VERSENKTER TANKVERSCHLUSS

REVENGE DTR

EINEN 350ER YAMAHA YPVS-MOTOR IN EINEN DTR-RAHMEN DER GLEICHEN MARKE ZU KLEMMEN, STELLT WAHRSCHEINLICH DAS SCHÖNHEITSOPTIMUM EINES SOLCHEN BIESTS DAR.

Silkolene
DCR
350
YAMAHA
bikes

Die Idee hinter der Supermotard-Streetfighter-Bewegung ist es, etwas zu kreieren, das so anmutig und delikat wie eine Ballerina aussieht, aber den Schlag eines Schwergewichts-Boxers hat. Einen 350er Yamaha YPVS-Motor in einen DTR-Rahmen der gleichen Marke zu klemmen, stellt wahrscheinlich das Optimum einer solchen Kombination dar.

Das Projekt begann, als Tom Olivers Freundin die DTR nicht haben wollte, die er ihr zum Fahrenlernen gekauft hatte. Unbeeindruckt holte er seine Säge hervor und schnitt die kleine Maschine auf, dann begab er sich auf die Suche nach einem geeigneten Antriebsaggregat. Bei Big Four Engineering hörte man von diesem Wagnis und bot ihm ein hübsches YPVS-Aggregat an, um das Loch unter dem Tank zu füllen – und man versicherte ihm, dass dies sehr unterhaltsam werden würde. Einen Zweitakt-Rennmotor in die dünnen Rahmenrohre einer Geländemaschine zu hängen, sollte schließlich eine echte Herausforderung sein. War es aber nicht. Tom schnitt einfach die Rahmenunterzüge zwischen dem Lenkkopf und den Fußrasten ab, dann hob er den Motorblock mit einem Wagenheber in den Rahmen und schweißte die nötigen Halterungen drumherum. Tatsächlich war es dagegen sehr hart, das klassische DTR-Aussehen zu erhalten.

Es stammen wirklich alle Fahrwerkteile von der originalen DTR, sie wurden nur modifiziert und verstärkt, um mit der gesteigerten Leistung zurecht zu kommen, die der YPVS-Motor auf den Asphalt bringt. Aber ungeachtet dieser sensiblen Aufgabe während des Aufbaus der Maschine musste Tom sein neues Ross bereits testen, als Fahrwerk, Bremsen und Endübersetzung noch absolutem DTR-Standard entsprachen. Das Resultat war abzusehen: Es war leichter, das Vorderrad in der Luft als beide Räder in einer Spur zu halten.

Das Endprodukt wurde zu einem echten Genuss. Es sieht aus wie eine sehr saubere und ordentliche DTR mit Straßenreifen, nur die tief liegenden Auspuffrohre wirken etwas irritierend. Erst wenn man sich der Maschine nähert und genau hinsieht, erkennt man den sehr elegant eingepassten Motor.

Super M Yamada

MOTOR:	91ER YAMAHA XT 600 E, ÜBERARBEITETER SERIEN-LUFTFILTER, EIGENBAU-EDELSTAHLAUSPUFF MIT CARBON-SCHALLDÄMPFERN
RAHMEN:	ERW-STAHLROHR, HONDA-LENKKOPF UND SCHWINGENLAGER
VORNE:	HONDA CBR 600 FM-RAD MIT 120 X 17"-REIFEN, HONDA CR 500-UPSIDE-DOWN-GABEL, 300 MM BREMSSCHEIBE VON HONDA VFR 750, YAMAHA EXUP-BREMSSATTEL UND HAUPTBREMSZYLINDER, XT-INSTRUMENTE, RENTHAL-LENKER
HINTEN:	HONDA CBR 600 FM-RAD MIT 160 X 17"-REIFEN, HONDA CR 500-SCHWINGE, CBR 600-BREMSSCHEIBE, CR 500-BREMSSATTEL UND HAUPTBREMSZYLINDER, SELBSTGEBAUTE EINSTELLBARE STOSSDÄMPFERANLENKUNG MIT MODIFIZIERTEM DÄMPFER
ANBAUTEILE:	DUCATI 900 SS-VORDERRADKOTFLÜGEL, MODIFIZIERES CBR 600-KOHLEFASER-HECK, UNTER DER SITZBANK LIEGENDER TANK MIT ZZR 600-VERSCHLUSS, CR 500-TANKVERKLEIDUNG UND SEITENDECKEL, MODIFIZIERTE CR 500-SITZBANK
KONSTRUKTION:	AUSSER LACK UND ROHREN ALLES DURCH DEN BESITZER

SUPER M YAMADA

DANN GIBT ES LEUTE, DIE DAS REGELWERK (UND OFTMALS AUCH DEN GRÖSSTEN TEIL DES SPENDER-MOTORRADES) AUS DEM FENSTER WERFEN, VOLLSTÄNDIG IN DAS TRÜBE WASSER IHRER BESESSENHEIT EINTAUCHEN UND DABEI NAHEZU ALLES DER PERFEKTION OPFERN.

YAMADA
PROJECT SUPERMOTO

YAMADA
PROJECT SUPERMOTO

Es gibt im Leben unterschiedlich starkes Engagement. Viele von uns halten kaum ihre Zehen in das Wasser der ausgewählten Leidenschaft und gönnen sich nur einen zurückhaltenden Ausflug in die aktuelle Mode. Dann gibt es Leute, die das Regelwerk (und oftmals auch den größten Teil des Spender-Motorrades) aus dem Fenster werfen, vollständig in das trübe Wasser ihrer Besessenheit eintauchen und dabei nahezu alles der Perfektion opfern.

Chris Whitworth fällt in die zweite Kategorie, und seine wunderschöne Super M steht als Beweis dafür. Nahezu vier Jahre dauerte der Bau, und Chris begann mit seinem Projekt, als er 1994 bei seinem örtlichen Schrotthändler günstig ein Honda CR 500-Fahrgestell erwarb. Nachdem er nahezu alles entfernt hatte, wurde eine Rahmenlehre konstruiert, um eine eigene Version eines ERW-Rahmens bauen zu können. Damit hatte Chris den Grundstein zum langen und komplizierten Bau dieser Maschine gelegt, die bis dahin nur in seinem Kopf existierte.

Man kann es fremdartig finden, dass Chris sich nicht gerade als Konstruktions-Genie bezeichnet, doch nachdem er einen einjährigen Grundkurs belegt hatte, war er in der Lage, so zu schweißen und zu schrauben, wie es sich selbst erfahrene Konstrukteure kaum zutrauen. Mit seinen frisch erworbenen Erfahrungen bereitete er sogleich die Schwinge für den Einbau des breiteren CBR 600-Rades und die Stoßdämpferanlenkung auf die völlige Einstellbarkeit vor, während am Vorderbau die CR 500-Gabel mit einem selbstgefrästen Bremssattelhalter und handgearbeiten Gabelbrücken sowie dem anderen CBR-Rad ausgerüstet wurde. Den total überholten XT 600-Motor in den sehr beengten Rahmen zu setzen, erforderte dann noch ungewöhnliche Gedankengänge und veränderte nahezu die ganze Ausführung des Motorrades. Das Problem war, dass XT-Motoren am besten mit ihrem originalen Luftfilterkasten funktionieren, doch dann kein Platz mehr für den Tank vorhanden gewesen wäre. Die Lösung war, einen selbstgebauten Tank in das Heck der Maschine zu verlegen und daran das Rücklicht zu befestigen. Neben Schwallblechen musste auch eine Benzinpumpe eingesetzt werden, da der Tank zum Teil unterhalb des Vergaser-Pegels lag. Der freie Raum über dem Motor wurde jetzt mit der Airbox und allen anderen notwendigen Teilen gefüllt.

Es gibt tausend kleine Veränderungen, die diese Maschine einzigartig machen – den speziell angefertigten U-förmigen Öltank, der vier Liter Öl für den Trockensumpfmotor enthält, die Seitendeckel, die Luft zum Zylinderkopf lenken, oder die fantastisch aussehende Auspuffanlage aus Edelstahl und Kohlefaser. Doch das attraktivste und beherrschende Merkmal ist die Verkleidung. Chris baute ein Modell, formte, schnitt und verfeinerte es, und als er absolut glücklich war, modellierte in ihrem Negativabdruck das Teil aus GFK.

Es ist eine unglaubliche Art von Hingabe, die ihm für diese schöne Maschine zuerkannt werden muss, doch die echte Belohnung ist für Chris das Motorrad selbst.

METZEL
ÖHLINS

RGV
SUZUKI
TOKICO

Yamaha RD350LC

MOTOR:	YAMAHA RD 350 LC YPVS F2, PRO-CUT-GETRIEBE, VERSTÄRKTE KUPPLUNG, SPEZIELL ANGEFERTIGTER AUSPUFF UND KOHLEFASER-SCHALLDÄMPFER, MODIFIZIERTE VERGASER MIT K&N-FILTERN, YAMAHA TDM 850-KÜHLER, TZR 250-THERMOSTAT
RAHMEN:	SPEZIELL ANGEFERTIGT VON KESMARK MOTORCYCLES, ORIGINAL-FUSSRASTEN AN GEFRÄSTEN ALU-TRÄGERN
VORNE:	IN DÄMPFUNG UND FEDERUNG ÜBERARBEITETE SUZUKI RGV 250 N-GABEL, HONDA NC 30-RAD, CBR 900-BREMSE, RVF 400-BREMSSATTEL
HINTEN:	HONDA VFR 750 FN-EINARMSCHWINGE, STOSSDÄMPFERANLENKUNG, RAD UND BREMSSATTEL, SPEZIELL ANGEFERTIGTE SITZHÖHENVERSTELLUNG, SHOWA NC 30-STOSSDÄMPFER
ANBAUTEILE:	YAMAHA FZR 250-TANK MIT PINGEL-DOPPELBENZINHAHN, APRILIA RS 250 SITZBANKHÖCKER UND VERKLEIDUNG, SUZUKI RGV 250 N-VORDERRADKOTFLÜGEL, KOHLEFASER-HECKKOTFLÜGEL

YAMAHA RD350LC

DER SITZBANKHÖCKER UND DIE VERKLEIDUNG ENTHALTEN DIE ORIGINALE RS-BELEUCHTUNG, DOCH DIE BLINKER STAMMEN VON EINEM AUTO.

YAMAHA

Das Skelett, welches das Allernotwendigste eines Streetfighters bildet, braucht nicht mehr zu sein als ein serienmäßiges Standard-Motorrad mit einem guten Ruf. Doch es ist fast unnötig, zu erwähnen, dass wesentlich mehr Zeit und Geld in den daraus entstehenden Streetfighter zu investieren sind.

Nige Kimber begann sein Projekt mit einem Motorrad, das in den frühen Achtzigern ein echtes Kult-Bike war – die Yamaha RD 350 LC. Um den ultimativen Zweitakt-Fighter zu kreieren, verwendete er für den Motor sorgfältig ausgesuchte Teile der besten Modelle japanischer sowie italienischer Zweitakt-Rennreplikas und für das perfekte und präzise Handling einen in England hergestellten Rahmen.

Das Fahrgestell ist ein von Kesmark Motorcycles speziell angefertigtes Doppelschleifen-Gitterrohrmodell, das aufgrund seines geringen Gewichtes und dem leichten Zugang zum Motor ausgewählt wurde. Die Upside-Down-Gabel stammt von einer Suzuki RGV 250 N und wurde in der Dämpfung und der Federvorspannung dem verringerten Gewicht angepasst. Die Bremssättel halten jetzt von der Honda NC 30 (VFR 400) entliehene Bremsscheiben im Zaum. Aktiviert werden sie über einen aus dem Renn-Kit der RC 45 stammenden Hauptbremszylinder. Die Hinterhand stammt fast vollständig von der VFR 750 N, wurde aber entsprechend der Devise »kleiner-leichter-schneller« überarbeitet und erleichtert.

Für die Bodenhaftung sorgt der aus der NC 30 entnommener Showa-Stoßdämpfer, während die Verzögerung von einem NSR 250-Hauptbremszylinder geregelt wird.

Die Front- und Heckverkleidung stammt von einer Aprilia RS 250, während der Tank ursprünglich auf einer Yamaha FZR 250 saß. Der Sitzbankhöcker und die Verkleidung enthalten die originale RS-Beleuchtung, doch die Blinker stammen von einem Auto – genauer gesagt aus dem Ford Ka.

Der Motor ist mit der originalen Power-Valve-Auslasssteuerung ausgerüstet, seine Kanäle und Brennräume sowie der Kühlkreislauf wurden modifiziert. Die Kurbelwelle ließ Nige feinwuchten und den Auspuff rüstete er mit für Zweitakter sehr wichtigen Expansionskammern sowie Carbon-Schalldämpfern aus. Die Kupplung wurde ebenso verstärkt wie das Ausgangswellenlager, das von einer GSX-R 1100 kommt und ein versetzt montiertes Ritzel stützt.

Das Endergebnis kann es mit seiner dezenten Understatement-Lackierung durchaus mit einem werksmäßigen Homologationsmodell aufnehmen, allerdings war der einzige Hersteller mit einem solchen Motorrad die Firme Bimota mit ihrer kurzlebigen V-Due – hinter diesem Namen braucht sich unsere RD im Qualitätsvergleich nicht zu verstecken.

Yamaha RD350

MOTOR:	YAMAHA RD 350 YPVS, S&B-LUFTFILTER, SWARBRICK-EXPANSIONSKAMMERN MIT KOHLEFASER-SCHALLDÄMPFERN, HI-TECH-MEMBRANSTEUERUNG
RAHMEN:	MODIFIZIERTER YAMAHA RD 350 LC
VORNE:	YAMAHA TZR 250-VORDERBAU, MODIFIZIERTE RD 350 LC-GABELBRÜCKEN, MINI-INSTRUMENTE
HINTEN:	SPEZIELL ANGEFERTIGTE JMC-SCHWINGE, EMC-SPORT-STOSSDÄMPFER, TZR 250-RAD, SELBSTGEBAUTER EDELSTAHL-BREMSANKER, BMX-FUSSRASTENANLAGE
ANBAUTEILE:	TZR 250-VORDERRADKOTFLÜGEL, RD 350 LC-TANK, SITZBANK UND HECKTEIL, EDELSTAHL-ELEKTRIK-KASTEN

YAMAHA RD350

MAN MUSS SIE LIEBEN ODER HASSEN, ABER MAN KANN SIE NICHT IGNORIEREN – BESONDERS WEIL SIE LEUCHTEND GELB IST, WIE EIN SCHLOSSHUND HEULEN KANN UND BEI IN DEN HIMMEL GERICHTETEM SCHEINWERFERKEGEL EINE BLAUE RAUCHFAHNE HINTER SICH HER ZIEHT.

Zwischen 1980 und 1983 war die Blütezeit der Yamaha RD 350 LC. Die meisten Maschinen wurden auf der Rennstrecke oder der Straße zu Tode geritten oder anderweitig zerstört, sodass man heute richtig suchen muss, um noch eine zu ergattern.

Dieses hier ist eine LC 2 YPVS, die 1983 eingeführte Version, die mit ihrem neuen Motor im alten Fahrwerk noch schneller den Weg zum Ausschlachter fand. LC oder YPVS – Man muss sie lieben oder hassen, aber man kann sie nicht ignorieren – besonders weil sie leuchtend gelb ist, wie ein Schlosshund heulen kann und bei in den Himmel gerichtetem Scheinwerferkegel eine blaue Rauchfahne hinter sich her zieht. 1983 war dieses die Maschine, nach der man sich die Finger leckte und bei der einem die Mädchen in Scharen hinterher liefen.

Matthew Mullinder, der Besitzer dieser besonderen RD, war damals gerade zehn Jahre alt, aber er war bereits ausreichend stark beeinflusst, an den Achtzigern zu hängen und sich dieses Motorrad aufzubauen. Als er sowohl das richtige Alter als auch den nötigen finanziellen Hintergrund erreicht hat, wollte er aber keine normale YPVS mehr haben. Stattdessen hatte er eine großartige Vision – viel Hubraum, raffinierte Federung und grelle Farben – doch seine Finanzen diktierten Anderes (obwohl er günstigerweise als Teilzeitkraft im Motorradgeschäft seines Vaters arbeitete).

Um also seine Resourcen und auch das Motorgehäuse zu schonen, baute er die feinen Rennteile nicht ein, nur das Paar hinreißender handgemachter Swarbrick-Expansionskammern samt Kohlefaserschalldämpfer sowie S&B-Filter und Renn-Mebrane erleichterten die Auslass- und Einlassarbeit des Motors.

Matthew verpflanzte eine komplette TZR 250-Gabel in die Maschine, die er mit einem Renthal-Lenker von einem kopflastigen Wackeleisen in ein Wheelie-Monster verwandelte. Als nächstes stand der Umbau des Hecks an. Ein ehemaliger CR 500-Motocross-Stoßdämpfer stützt eine spezielle JMC-Schwinge. Die Serienfelge wurde mit einem breiteren Reifen bezogen und die Sozius-Fußrasten wurden kurzerhand gegen Teile vom BMX-Rad seines kleinen Bruders getauscht.

Bis auf den Vorderradkotfügel (wieder von der TZR 250) und den kleinen Doppelscheinwerfer sind weitgehend alle Anbauteile original – doch um eine RD 350 LC zu erkennen, muss man zweimal hinsehen.

RENTHAL
YAMAHA
LCR
PIRELLI

Suzuki Gamma RG 500

MOTOR:	96ER SUZUKI RG 500, 570 CM³, STAN STEPHENS STUFE III-KÖPFE UND ZYLINDER, MODIFIZIERTE AIRBOX, 31,5 MM-VERGASER, RICK LANGE-FILTERSATZ, 240ER HAUPTDÜSEN, VERCHROMTE UND POLIERTE NIKON RACING-EXPANSIONS-KAMMERN, SPEZIELL ANGEFERTIGTES WASSER-EINSPRITZ-SYSTEM, 130 PS AM HINTERRAD
RAHMEN:	96ER SUZUKI RG 500, MODIFIZIERTES RAHMENHECK, TAROZZI-FUSSRASTEN
VORNE:	SUZUKI RGV 250 M-RAD, GABEL, BRÜCKEN, BREMSEN UND LENKER, KAWASAKI ZX 6-R-HAUPTBREMSZYLINDER, EDELSTAHL-BREMSLEITUNGEN, MODIFIZIERTE RG 500-SCHALTER, DREISTUFIG PROGRAMMIERBARE SPA-DREHZAHL-WARNLAMPE, RG 500-INSTRUMENTE IN SELBSTGEBAUTEM TRÄGER
HINTEN:	RG 500-SCHWINGE, ÖHLINS TYP 4-STOSSDÄMPFER, RGV 250 M-RAD, RG 500-BREMSE, EDELSTAHL-BREMSLEITUNGEN, SPEZIELL ANGEFERTIGTE B&C-RITZEL
ANBAUTEILE:	RGV 250 M-VORDERRADKOTFLÜGEL UND VERKLEIDUNG, RG 500-TANK, DUCATI 916 REPLIKA-SITZBANKHÖCKER

SUZUKI GAMMA RG 500

SOBALD SIE AUF DER STRASSE ERSCHIEN, KAUFTE JEDER, DEN DAS VERLANGEN PLAGTE, SO SCHNELL WIE FREDDIE SPENCER SEIN ZU WOLLEN, EINE RG 500. DANN WURDE SOLANGE MORGENS UM DREI DIE NACHBARSCHAFT GENERVT, BIS MAN SICH ENDLICH SAMT SEINER MASCHINE UM EINEN BAUM GEWICKELT HATTE.

RGV
570
SUZUKI
TOKICO

Es ist schon seltsam, aber einige Motorräder werden bereits zu Klassikern, sobald sie erstmals das Fließband verlassen. So ist es beispielsweise mit der Kawasaki GPZ 1100, der Suzuki GSX-R 750 oder eben dieser kleinen Schönheit, der hinreißend gestalteten RG 500 geschehen. Sobald sie auf der Straße erschien, kaufte jeder, den das Verlangen plagte, so schnell wie Freddie Spencer sein zu wollen, eine solche Vierzylinder-Zweitakt-Suzuki. Dann wurde solange morgens um drei die Nachbarschaft genervt, bis man sich endlich samt seiner Maschine um einen Baum gewickelt hatte. Dadurch sind gute Exemplare dieser unverschämt lieblichen Maschine selten und stark gesucht.

Marks schöne RG ereilte das gleiche Schicksal. Obwohl sie vom Kontakt mit Hindernissen verschont geblieben ist, wurde sie grausam behandelt und dann in eine feuchte Garage verbannt, in der sie die folgenden sechs Jahre in Ruhe vor sich hin korrodieren konnte. Er kaufte die Maschine für knapp 500 DM – was schon einiges über ihren Zustand sagt. Ursprünglich wollte Mark sie zum Spaß endgültig zu Schrott fahren, doch dann erkannte er, dass eine solche elegante Gamma mit Respekt behandelt werden musste – und es begann ein langer und teurer Restaurations- und Verbesserungs-Prozess.

Der Vorderbau wurde ebenso wie die meisten Anbauteile von einer RGV 250 übernommen. Hinten wurde zur deutlichen Verbesserung der Straßenlage ein speziell angepasster Öhlins-Stoßdämpfer montiert.

Der Motor wurde grundlegend überarbeitet und von Stan Stevens mit Zylindern, Köpfen und Drehschiebern der Tuningstufe III versehen. Für eine Straßenmaschine ist das bereits reichlich, doch erstaunliche 18 PS wurden zusätzlich durch den Einsatz einer Wassereinspritzung gefunden, die bei Vollgas in den Auslassbereich erfolgt – 130 PS am Hinterrad sind für eine 500er eine echte Ansage.

Wahrscheinlich ist dies eines der zufriedenstellendsten Projekte überhaupt, nicht nur weil ein wunderbares Motorrad gerettet und restauriert wurde, sondern weil es sogar das Original deklassiert und trotzt seines Alters auch moderne Big-Bikes stehen lässt. Lang lebe der Geist von Fast Freddie.

RGV

SPORTSMAN

Vmax

V-Max in Gold

MOTOR:	97ER YAMAHA V-MAX, 1300 CM³, JE-KOLBEN, BEARBEITETE ZYLINDERKÖPFE MIT ÜBERARBEITETEN NOCKENWELLEN, CARILLO-PLEUEL, BARNETT-KUPPLUNG, GARRETT T 2.5-TURBOLADER MIT LADELUFTKÜHLER, LACHGASEINSPRITZUNG
RAHMEN:	SERIENMÄSSIGES V-MAX-VORDERTEIL, EIGENBAU-HECK, MODIFIZIERTE MOTORHALTERUNGEN, HARRIS-FUSSRASTEN
VORNE:	MODIFIZIERTES ZX 7-R-RAD, EBC-BREMSSCHEIBEN, BREMBO-HAUPTBREMSZYLINDER UND BREMSSÄTTEL, WHITE POWER-GABEL, RENTHAL-LENKER IN SELBST GEBAUTEN HALTERUNGEN
HINTEN:	SPEZIELL ANGEFERTIGTES RAHMENHECK, EINSTELLBARER SHOWA-STOSSDÄMPFER, VERLÄNGERTE SCHWINGE MIT MODIFIZIERTEM KARDANANTRIEB, MODIFIZIERTES 8 ZOLL BREITES ZX 7-R-RAD, EBC-BREMSSCHEIBE, BREMBO-BREMSSATTEL, HARRIS-HAUPTBREMSZYLINDER
ANBAUTEILE:	APRILIA-VORDERRADKOTFÜGEL, REST IST EIGENBAU

V-MAX IN GOLD

DER KNOPF FÜR DIE LACHGASEINSPRITZUNG SITZT IN EINEM DER SERIENMÄSSIGEN SCHALTERGEHÄUSE – UND ER TRÄGT EINEN AMTLICHEN WARNHINWEIS.

Andy Griffith ist ein Pferdestärken-Fetischist. Also entschied er, dass ein Styling-Gemisch aus Dragster und Streetfighter seiner neuen V-Max gut stehen würde. Diese Maschine musste dazu länger und tiefer als normal ausfallen – und deutlich mehr Leistung haben.

Beim Turbolader handelt es sich um einen sehr speziellen Garrett T 2.5 mit an die Anforderungen des Motors angepassten Flügeln. Andy baute sich sein eigenes Rohrsystem und schaltete zwischen die Auslasskanäle und den Sammler einen Ladeluftkühler, um durch den Turbo so viele Pferde wie möglich mobilisieren zu können.

Aufgrund der Position des Turboladers musste der Serien-Tank entfernt und durch eine mit Scharnieren und Schnellverschlüssen versehene Tank/Sitzbank-einheit ersetzt werden, die den Zugang zum Motor ermöglicht. Die monströse Schwinge ist wie die Kardanwelle 7,5 cm länger als normal, zudem musste der Antrieb geändert werden, weil Andy einen 200er Reifen montieren wollte – allerdings gab es für die V-Max gar kein Rad dafür.

»Kein Problem« sagte Andy, »dann baue ich mir eines«. Er nahm zwei ZX 7-R-Hinterräder, schnitt jeweils eine Seite ab und schweißte sich eine 8 Zoll breite Felge zusammen. Dann bohrte er das Mittelteil heraus und setzte eine entsprechend bearbeitete Kardan-Nabe ein. Allerdings ergab eine Flucht-Kontrolle ein gewisses Problem – die Kardanwelle ließ sich durch das breite Rad nicht zum Getriebeausgang ausrichten. Es gab nur eine Möglichkeit – den Motor mit geänderten Halterungen um drei Millimeter nach links zu versetzen – dann passte die Welle.

Der Vorderbau besteht grundsätzlich aus einem White Power-Aufbau mit auf EBC-Scheiben sitzenden Brembo-Sätteln. Hier fand auch das Vorderrad der ZX 7-R seinen Platz.

Nachdem der Motor und das Fahrwerk standen, begann Andy mit den Anbauteilen, die die originalen V-Max-Formen wiederspiegeln sollten. Die Idee war, einen dragstermäßigen Ansaugstutzen zu bauen, der jedoch als Lampenhalter fungieren würde. Also wurde ein Paar Iridium-Abblendlampen montiert. Die kleine Verkleidungsnase enthält die entsprechenden Fernlicht-Gegenstücke.

Im Motorspoiler ist die Batterie versteckt und der an der Schwinge montierte hintere Kotflügel folgt der Form des Rades.

Der Tachometer enthält eine Schalt-Warnlampe und die Ladedruckanzeige sowie der Luftschieber-Knopf sind im Blickfeld montiert. Der Knopf für die Lachgaseinspritzung sitzt in einem der serienmäßigen Schaltergehäuse – und er trägt einen amtlichen Warnhinweis.

Vmax

Ducati-Skulptur

MOTOR:	DUCATI 600SS
RAHMEN:	ONE-OFF STEEL TRELLIS
VORNE:	DUCATI-GABEL UND RAD, BREMBO-BREMSE
HINTEN:	MODIFIZIERTE DUCATI-SCHWINGE UND RAD, BREMBO-BREMSE
ANBAUTEILE:	VOM BESITZER HANDGEDENGELTE ALUMINIUM-TEILE
ELEKTRIK:	SICHERUNGSKASTEN, BENZINPUMPEN- UND STARTER-RELAIS UNTER DER LINKEN »VERKLEIDUNG«, REST AUF DER RECHTEN SEITE

DUCATI-SKULPTUR

DUCATI

ER BEGANN MIT EINER SERIENMÄSSIGEN KOMPLETTEN DUCATI 600 SS, NAHM DEN MOTOR, DIE ELEKTRIK, DIE GABEL, DIE SCHWINGE, DIE RÄDER UND DIE BREMSEN – UND VERSCHROTTETE SODANN DEN REST.

Es gibt keinen Zweifel darüber, dass die Italiener die besten Fahrzeugdesigner der Welt haben. Von Ferrari und Lamborghini bis hin zur Ducati 916 und MV Agusta F4 sind es alles Design-Meisterwerke. Doch alle erblassen im Vergleich zu Codutti Ferruccios Ducati 600.

Codutti ist ein Meister seines Fachs – dem Verformen von Alu-Blechen von Hand. Und seine Maschine ist nicht nur ein Ergebnis dieser formgestaltenden Erfahrungen, sondern auch seines Talentes als Techniker, als Elektriker und als Designer.

Er begann mit einer serienmäßigen kompletten Ducati 600 SS, nahm den Motor, die Elektrik, die Gabel, die Schwinge, die Räder und die Bremsen – und verschrottete sodann den Rest. Der Rahmen ist ähnlich wie das Original ein speziell angefertigter Stahl-Gitterrohrrahmen, doch damit enden auch die Ähnlichkeiten.

Das Frontteil mit Ram-Air-Ansaugöffnung für die Airbox, die Seitenteile (mit integrierten Spiegeln und versteckter Elektrik), der Sitzbankhöcker, die Instrumententräger-Abdeckung, der Motorspoiler, der Kettenschutz und die beiden Schutzbleche sind von Hand vollendete Kunstwerke. Unter dem Sitz befindet sich der Tank und dessen jetzt mit dem Tankdeckel versehene Öffnung war eine nützliche Hilfe zum Bearbeiten des komplizierten Teils.

Es finden sich auch gefräste Aluteile, darunter der Instrumententräger, der Ritzeldeckel, die Motorhalterungen, die Auspuffhalter, die Halterung des Stoßdämpfer-Ausgleichsbehälters, die Zahnriemenabdeckungen, sowie die Lenkanschläge, die an serienmäßigen aber modifizierten Gabelbrücken sitzen, und schließlich noch der Seitenständer, der elegant in den Motorspoiler klappt.

Es gibt tatsächlich noch einige Standardteile der 600er, doch die meisten von ihnen mussten sich einer Behandlung mit dem Winkelschleifer oder der Ständerbohrmaschine unterziehen. Beispielsweise wurde die Ducati-Schwinge um 30 mm gekürzt und verschlossen, während der Serienstoßdämpfer von seinem Ausgleichsbehälter befreit, umgedreht und wieder so mit ihm verbunden wurde, dass alles zur Linienführung der Maschine passte.

Der hintere Bremssattelhalter wurde mit Bohrungen versehen und die Fußrasten sitzen an Exzentern, um die Position einstellen zu können. Das Kettenrad sowie sein Halter sind mit Löchern verziert und jede Schraube wurde ebenso so weit wie möglich erleichtert wie das Schaltgestänge. Der Auspuff ist eine speziell angefertigte Stahl-Konstruktion. Und zur Vervollständigung der Maschine griff Codutti auf Frau Ferruccios Unterwäsche zurück, um den Sitz metallisch grau schimmern zu lassen! Insgesamt stecken in diesem beweglichen Kunstwerk über 730 Stunden Arbeit.

Wankel Norton

MOTOR:	86ER NORTON WANKEL, ZWEI 36 MM AMAL CONCENTRIC-VERGASER, PIPERCROSS-LUFTFILTER, NORTON-FÜNFGANG-GETRIEBE, NORTON-MEHRSCHEIBENKUPPLUNG MIT TELLER-FEDER, BOYER BRANSDEN-ZÜNDUNG, NORTON-SPORTAUSPUFF, VON PETE GIBSON ENTWICKELTES KÜHLSYSTEM
LEISTUNG:	135 PS AM HINTERRAD (LAUT NORTON RACING-TEAM)
RAHMEN:	92ER YAMAHA FZR 1000, EBENSOLCHE FUSSRASTEN, MODIFIZIERTES RAHMENHECK
VORNE:	HONDA FIREBLADE-RAD, BREMSEN UND GABEL, SPEZIELL ANGEFERTIGTE GABELBRÜCKEN, RENNTECH-LENKER, YAMAHA-HAUPTBREMSZYLINDER, SUZUKI BANDIT-SCHALTER, NORTON F1-TACHOMETER, NORTON INTERPOL-TEMPERATURANZEIGE, EIGENBAU-INSTRUMENTENTRÄGER
HINTEN:	YAMAHA FZR 1000-SCHWINGE MIT SPEZIELLER ABSTÜTZUNG, FZR-STOSSDÄMPFER, FIREBLADE-RAD UND BREMSE
ANBAUTEILE:	MODIFIZIERTER FIREBLADE-KOHLEFASER-VORDERRAD-KOTFLÜGEL

WANKEL NORTON

230 KM/H WAREN KEIN PROBLEM, UND IM SCHIEBEBETRIEB STIESSEN NICHT NUR MASSIVE BLAUE FLAMMEN AUS DEM AUSPUFF, SONDERN MIT STEIGENDER TEMPERATUR TRATEN AUCH SCHICKE KLEINE RAUCHRINGE AUF.

Diese Geschichte begann im Jahre 1997, als Geoff Maden einen Yamaha FZR 1000-Rahmen mit einem Norton Wankelmotor und einer Honda Fireblade-Gabel ausrüstete. Er brachte das frisch vollendete und kaum fahrbereite Teil im Oktober zur Classic & Motorcycle Mechanics-Show nach Stafford, um es auf den Stand der Norton-Besitzer auszustellen und sein technologisches Wunder den Massen zu zeigen. Die »Speed Trochoid«, wie er die Maschine taufte, war ein fantastischer Erfolg und beeindruckte das Publikum stark.

Das einzige Problem war, dass die Maschine wie erwähnt kaum fahrbereit war, und weil ein Wankelmotor ein seltenes Stück ist, gibt es auch nur wenige Menschen mit Erfahrungen auf diesem Gebiet. In der Tat war nur an einen einzigen Menschen heranzukommen, der den Motor korrekt einstellen konnte – Kev Pierce von der Firma Pierce Tuning.

Kev sah sich den Motor an und erklärte die Vergaser und die Rotordichtungen (verantwortlich für die Kompression) für absolut ungeeignet. Also wurden ein Satz neuer Amal-Vergaser beschafft und die Motor-Seitenplatten (die wieder den Rotor abdichten) mit Molybdän beschichtet – ein Prozess, der einen zentimetertiefen Einschnitt in die Alu-Seitenplatten erfordert, um geschmolzenes Molybdän einfüllen zu können, das dann bündig zur Dichtfläche geschliffen wird. Dies stellt gegenüber der Serie eine deutliche Verbesserung dar, weil beim Überhitzen der Rotoren oder Ölmangel diese sich mit den Seitenplatten zu verschweißen versuchen und entsprechende Schäden anrichten. Die Molybdän-Beschichtung wirkt hingegen als Permanent-Schmierstoff und verhindert ein Fressen des Motors, zudem unterstützt sie die Motorkühlung.

Nach der Überarbeitung und dem Einfahren des Motors stellte Kev ihn auf Leistungsfähigkeit ein. Geoff übernahm anschließend die Maschine und war beeindruckt – 230 km/h waren kein Problem und im Schiebebetrieb stießen nicht nur massive blaue Flammen aus dem Auspuff, sondern mit steigender Temperatur traten auch schicke kleine Rauchringe auf. Dies ist auf ein sehr cleveres Auspuffsystem zurückzuführen. Bei jeder konventionellen Wankel-Norton behindert die Kühlung des Motors die mögliche Leistungsentfaltung, denn die Rotoren werden intern von einem Luftstrom gekühlt, der von den Vergasern angesogen wird, dabei wird ein Teil der Ansaugluft erwärmt und mit Öl versetzt. Eine vom Norton Racing-Team entwickelte trickreiche Vorrichtung nutzt den Unterdruckimpuls des Auspuffs, um kühle saubere Luft durch die Rotoren zu ziehen und die Vergaser reine Frischluft atmen zu lassen. Hierdurch steigt die Leistung von 85 auf über 130 PS – und es entsteht das hübsche Feuerwerk, wenn der Gasgriff geschlossen wird.

Norton
Speed

MICKEY THOMPSON
SPORTSMAN

Düsen-Trike

WENN DER ANLASSER EINRÜCKT, BESCHLEUNIGT DIE TURBINE AUF 10500 UMDREHUNGEN, EHE SIE ZU ZÜNDEN BEGINNT. DANN SPRINGT SIE IN DEN TEILLASTBEREICH VON 25000 U/MIN UND DREHT MAXIMAL BIS AUF 38000 TOUREN HOCH.

DAS LETZTE WORT ZUM THEMA EXTREM

Paul Bailey baute seit langem Trikes, die in ihrer technischen Komplexität absolut brillant waren, dann entschied er sich dazu, das feinste und einzige straßenzugelassene Düsen-Trike zu bauen.

Zu Beginn kaufte Paul einen kompletten (und verkehrstüchtigen) SDI-Rover, um dessen getunten 230 PS starken V8-Motor auszuschlachten, während er die 4,1 : 1 übersetzte Hinterachse einem ebenfalls noch sehr brauchbaren Daimler Sovereign entnahm. Dann brachte er den Motor und die Achse zu Chris Ireland, Englands respektiertestem Trike-Bauer – er hat sich auf Trikes mit Sieben-Liter-Buickmotor, Nitroeinspritzer-Mercedes-V8-Aggregaten, 350 PS starken Rover V8-Turbomotoren oder Jaguar-V12-Antrieb spezialisiert.

Chris baute den Rohrrahmen, die Vorderradführung mit geschobener Schwinge und den Kraftstofftank, dazu machte er die Hinterachse um 35 cm schmaler. Doch kurz nachdem Paul sein Chassis zurück erhielt, entschied er, sein Vorhaben drastisch zu ändern. Er verlängerte die Front um 19 cm, fertigte neue Motorhalterungen an und verlegte die hinteren Stoßdämpferhalterungen, um die Fahrzeughöhe zu senken – und das Gewicht der Rolls Royce Paluste MK 10-Turbine samt Tank aufnehmen zu können. Zu diesem Zeitpunkt kam der Düsentrieb-Guru Martin Hill dem Projekt zur Hilfe. Martin fährt das turbinengetriebene Dragster-Auto »Fireforce« und ist wahrscheinlich der erfahrenste, kenntnisreichste und fähigste Mechaniker, Konstrukteur und Designer für Strahltriebwerk außerhalb der Flugzeug-Industrie. Martin sollte Paul bei der Vollendung seines »Colossus« eigentlich nur gute Ratschläge geben, doch baute er auch alle nötigen Teile aus Flugzeug-Aluminium, darunter auch den als Flügel ausgeführten Tank für den Düsen-Treibstoff, die Luft-Einlässe, den kleinen Zusatztank und das Armaturenbrett.

Wenn der Anlasser einrückt, beschleunigt die Turbine auf 10500 Umdrehungen, ehe sie zu zünden beginnt. Dann springt sie in den Teillastbereich von 25000 U/min und dreht maximal bis auf 38000 Touren hoch. Und wenn der Nachbrenner zündet, steigt die Temperatur in der Turbine unverzüglich auf 1000°C. Bei vollem Schub wird der Kraftstoff mit 100 bar in die Turbine gespritzt – 23 Liter pro Minute!

Wenn das Triebwerk läuft und die Booster-Pumpe eingreift, treten für einige Sekunden Wolken unverbrannten Kraftstoffs aus, dann entzündet sich das Gemisch mit einem Schlag, der die Luft erzittern lässt und eine brüllende orange Flamme entsteht.

Colossus erfordert keine zusätzlichen Starteinrichtungen, weder für den Kolben- noch für den Turbinen-Motor, und das Fahrzeug wird zu den meisten Veranstaltungen auf der Straße gefahren. Dort gibt Paul dann Demonstrationen seiner Qualitäten als feuerspeiender Drachen. Noch ist er nicht ganz zufrieden – er plant bereits, den Rover-Motor mit einem Turbolader und einer Nitro-Einspritzung aufzurüsten.

MICKEY THOMPSON SPORTSMAN

Die Abbildung auf der Einbandtitelseite zeigt
die GSX-R Harris Magnum IV von Eigner Chan Scott.
Auf den Einbandinnenseiten sind zu sehen:
Spondon GSX-R 110, Eigner Stephen Mahler (vorn)
und Kawasaki RX 100, Eigner Naith Gill (hinten).

Die Originalausgabe dieses Buches erschien unter dem Titel
»Extreme Streetfighter Motorbikes – the ultimate collection«
bei Arcturus Publishing, London

Die Deutsche Bibliothek – CIP-Einheitsaufnahme

»Streetfighters«: extreme Motorräder / Frank Allmann/Simon Everett.
[Übers. und bearb. von Udo Stünkel]. – 2. Aufl. – Kiel: Moby Dick Verlag, 2002
(Delius Klasing – Edition Moby Dick)
Einheitssacht.: Extreme streetfighter motorbikes <dt.>
ISBN 3-89595-170-6

2. Auflage
ISBN 3-89595-170-6
Die Rechte für die deutsche Ausgabe liegen beim Moby Dick Verlag,
Postfach 3369, 24032 Kiel

Buchkonzept: Kaspa Hazlewood, Paul Richards
Gestaltung: Emma Haylay, Stu Garland
Abbildungen: Simon Everett
Einbandgestaltung: Buchholz/Hinsch/Hensinger, Hamburg
Übersetzt und bearbeitet von Udo Stünkel
Gesamtherstellung: Media-Print, Paderborn
Printed in Germany

Vertrieb: Delius Klasing Verlag, Siekerwall 21, D-33602 Bielefeld
Tel.: 0521/559-0, Fax: 0521/559-113
e-mail: info@delius-klasing.de
www.delius-klasing.de